Hilda Mpakany

Criação de uma infraestrutura regulamentar num país candidato à adesão

Hilda Mpakany

Criação de uma infraestrutura regulamentar num país candidato à adesão

Imprint
Any brand names and product names mentioned in this book are subject to trademark, brand or patent protection and are trademarks or registered trademarks of their respective holders. The use of brand names, product names, common names, trade names, product descriptions etc. even without a particular marking in this work is in no way to be construed to mean that such names may be regarded as unrestricted in respect of trademark and brand protection legislation and could thus be used by anyone.

Cover image: www.ingimage.com

This book is a translation from the original published under ISBN 978-3-330-35162-2.

Publisher:
Sciencia Scripts
is a trademark of
Dodo Books Indian Ocean Ltd. and OmniScriptum S.R.L publishing group

120 High Road, East Finchley, London, N2 9ED, United Kingdom
Str. Armeneasca 28/1, office 1, Chisinau MD-2012, Republic of Moldova, Europe
Printed at: see last page
ISBN: 978-620-7-61869-9

ÍNDICE DE CONTEÚDOS

AGRADECIMENTOS

A conclusão deste estudo foi uma experiência óptima e emocionante para mim. Aprendi muitas coisas sobre o quadro regulamentar nuclear e as práticas regulamentares em vários países. Este trabalho não teria sido um êxito sem o esforço de muitos participantes.

Em primeiro lugar, gostaria de expressar a minha sincera gratidão ao meu orientador de tese, Prof. Roh Myung-Sub, pelo seu apoio e orientação constantes ao longo das várias fases do período de estudo. Kim Tae-Ryong e ao Prof. Robert Field pelo seu incansável apoio e conhecimentos técnicos sobre regulamentação e controlo nucleares ao longo de todo o processo.

Para além disso, quero também agradecer aos meus familiares pelo seu apoio. O meu marido, John Leaduma, e a minha filha Nicole Namunyak, pelo vosso amor e encorajamento constante durante o meu período de estudo. Os meus pais, Sr. e Sra. William Lempakany, obrigado por me terem feito saber que posso realizar os meus sonhos em qualquer circunstância. Os meus sogros, Cónego e Sra. Peter Leaduma, obrigado pelo vosso amor incondicional e por terem tomado conta da minha filha durante o meu período de estudos.

Para os meus colegas de turma, obrigado por me terem apoiado quando mais precisei de vocês. Também um agradecimento especial ao Sr. Kennedy Aseka pela sua contribuição para este trabalho. Gostaria também de agradecer a todas as outras pessoas que contribuíram, direta ou indiretamente, para a conclusão bem sucedida deste trabalho.

Acima de tudo, gostaria de agradecer a Deus Todo-Poderoso por me ter dado a força e a oportunidade de realizar este trabalho.

VITA

11 de março de 1983Nascido em Baringo County, Quénia

2005 - 2009B .Sc. Química

Universidade de Nairobi

Nairobi, Quénia

2011- PresenteFuncionário técnico

Departamento de Assuntos Técnicos

Conselho de Eletricidade Nuclear do Quénia

PUBLICAÇÃO

Mpakany H.K e Roh M.S "Strategies for Establishing Domestic Regulatory Infrastructure in an Entrant Country - Kenya" in International Congress on Advances in Nuclear Power Plants (ICAPP) 2015, Nice, França, 3 de maio[rd] -6th 2015.

RESUMO DA DISSERTAÇÃO

**Um estudo sobre as estratégias para o estabelecimento de uma
infraestrutura regulamentar nacional
num país candidato à adesão - o cenário do Quénia**

Por

Hilda Kadenyi Mpakany

Mestrado em Engenharia de Centrais Nucleares

Escola Internacional de Graduação Nuclear da KEPCO, 2015

Professor Roh Myung-Sub, Presidente

O Quénia está a finalizar a primeira fase do desenvolvimento de um programa nacional de energia nuclear. A conclusão desta fase permitirá ao Governo do Quénia assumir um compromisso tecnicamente sólido e bem informado para o desenvolvimento da energia nuclear. A utilização de reactores nucleares para a produção de energia no Quénia aumentará consideravelmente a quantidade de materiais radioactivos, incluindo materiais nucleares, que necessitarão de controlo. Um dos factores importantes para garantir a segurança nuclear é a criação de um quadro legislativo e regulamentar nacional sólido. Tal implica a criação de um organismo regulador competente e independente que terá um papel de supervisão durante a execução e a gestão do programa de energia nuclear. Um organismo regulador eficaz deve ter competência técnica, autoridade jurídica e recursos suficientes para cumprir os seus mandatos com uma independência efectiva nos seus processos de tomada de decisões. Este estudo analisa as estratégias que o Quénia pode adotar para estabelecer o seu organismo regulador nuclear, que terá independência operacional e financeira para uma regulamentação eficaz da futura indústria de energia nuclear.

Uma análise da situação no Quénia revela que, atualmente, não existe uma lei nuclear que regule a indústria nuclear proposta. No entanto, algumas das legislações relevantes para o programa de energia nuclear já estão em vigor, embora o seu âmbito seja inadequado para abranger o programa de energia nuclear. Daí a necessidade de uma revisão completa ou de um reforço do quadro atual, a fim de abranger todo o programa de energia nuclear. O Quénia tem duas opções para estabelecer o seu organismo regulador: criar uma nova entidade para a regulamentação nuclear ou expandir o organismo regulador existente, o Conselho de Proteção contra as Radiações. Destas duas opções, a modernização do atual organismo regulador seria mais favorável do que a criação de uma nova entidade. Quanto à escolha das opções de licenciamento, o processo de licenciamento em várias etapas é a melhor opção para o cenário do Quénia. O modelo regulador independente seria o melhor modelo regulador para o Quénia porque, de acordo com as melhores práticas dos organismos reguladores da indústria nuclear, o aspeto mais importante é a independência efectiva.

Uma vez que o Quénia não tem experiência suficiente em matéria de regulamentação de instalações nucleares, são altamente recomendadas colaborações que ofereçam apoio técnico ao organismo regulador. Estas parcerias serão importantes para a transferência de conhecimentos técnicos e para a orientação no desenvolvimento do seu quadro regulamentar global. Por conseguinte, é necessário estabelecer, numa fase inicial, acordos formais com organismos reguladores externos, especialmente de países potencialmente fornecedores, a fim de proporcionar um ensino e uma formação mais práticos do pessoal.

CAPÍTULO 1

1 INTRODUÇÃO

1.1 ESTUDO DE BASE

O Quénia é um dos países interessados em explorar a tecnologia nuclear como uma opção para a produção de energia, a fim de satisfazer as suas necessidades energéticas em constante crescimento. Recentemente, o Quénia registou um aumento gradual da procura de energia a uma média de 6,2% por ano entre 2007 e 2012, daí a necessidade de incluir a eletricidade nuclear no seu cabaz energético. O Plano de Desenvolvimento Energético de Menor Custo para os anos 2011 a 2031 prevê não menos de 3 000 MW e 9 000 MW de eletricidade nuclear para os cenários baixo e alto, respetivamente [1]. A Kenya Nuclear Electricity Board foi criada como Organização de Implementação do Programa de Energia Nuclear (NEPIO) para liderar o desenvolvimento e a implementação do programa de energia nuclear. O Quénia encontra-se atualmente na fase final da primeira fase do programa de desenvolvimento nuclear, o que permitirá ao Governo assumir um compromisso tecnicamente sólido e bem informado para o futuro do programa de energia nuclear do Quénia.

A criação de um organismo regulador independente e competente e de um sistema regulador para implantação a curto prazo é um aspeto fundamental para a aplicação eficiente de códigos e normas, processos de licenciamento, avaliações, inspecções e execução de futuras centrais nucleares. O organismo regulador necessitará de pessoal com competências em várias áreas técnicas, a maioria das quais poderá não estar disponível no Quénia. Por conseguinte, será necessário um longo período de desenvolvimento para obter as competências necessárias. Prevê-se que a aquisição das competências necessárias demore bastante tempo, especialmente para um país recém-chegado como o Quénia, cuja experiência na indústria nuclear se limita à aplicação convencional de fontes de radiação nas indústrias médica e de investigação. Isto pode resultar numa incoerência entre a criação do organismo regulador e a sua capacidade para desempenhar as suas funções [2].

De acordo com o INSAG 17, para o funcionamento eficaz da entidade reguladora, a lei deve conferir-lhe plena autoridade para desempenhar as tarefas necessárias, deve dispor de recursos humanos competentes em várias disciplinas técnicas e deve ser bem financiada. O organismo regulador deve também ser independente e estar separado da interferência política, das organizações promotoras e das organizações operacionais - independentemente de serem propriedade do Estado ou do sector privado [2]. Isto garantirá que o organismo regulador funcionará sem interferências que possam comprometer a segurança. No entanto, o governo do Quénia deve instituir a entidade reguladora no seu quadro, tal como qualquer outra organização governamental. A diferença reside no processo de tomada de decisões.

1.2   DECLARAÇÃO DO PROBLEMA

No Quénia, o Conselho de Proteção contra a Radiação (RPB) é o regulador das fontes de radiação convencionais. A RPB foi institucionalizada como um organismo semi-autónomo sob a alçada do Ministério da Saúde (MdS). O Ministério da Saúde é um dos principais consumidores de fontes de radiação no Quénia, o que resulta numa independência regulamentar e operacional restrita no que diz respeito às normas internacionais e às melhores práticas das indústrias. Por conseguinte, na prática, o Quénia não tem experiência suficiente no manuseamento de grandes quantidades de material radioativo porque as práticas actuais se limitam à regulamentação da radiação proveniente de fontes convencionais. Esta situação será mais grave, especialmente com a futura indústria nuclear no Quénia. A RPB enfrenta atualmente vários desafios no exercício das suas funções. Em primeiro lugar, o financiamento insuficiente da autoridade reguladora (cerca de 0,7 milhões de dólares americanos, 60 milhões de KES) - excluindo a remuneração do pessoal. Em segundo lugar, a força de trabalho é insuficiente; há menos de 30 funcionários técnicos a trabalhar em todo o país. Esta situação deve-se principalmente à falta de medidas adequadas para manter o pessoal qualificado, o que conduz à fuga de cérebros. Por último, o atual quadro legislativo, regulamentar e institucional em vigor é inadequado e não pode regular a indústria nuclear proposta.

1.3 OBJECTIVOS

O objetivo desta tese é determinar as possíveis estratégias que o Quénia pode adotar para estabelecer a sua infraestrutura regulamentar com base em normas internacionais e nas melhores práticas da indústria nuclear. Os objectivos específicos são:

i. Analisar as legislações relevantes para a implementação de um sistema de proteção nuclear programa de energia no Quénia.

ii. Analisar as estratégias recomendadas internacionalmente para o estabelecimento de um quadro regulamentar num país candidato à adesão.

iii. Analisar as práticas regulamentares no sector nuclear e as estratégias utilizadas por alguns países candidatos à adesão para estabelecer os seus quadros regulamentares.

iv. Recomendar abordagens viáveis que o Quénia possa adotar na criação da sua infraestrutura regulamentar para o programa de energia nuclear.

1.4 ÂMBITO

Este estudo abrange os principais factores a ter em conta e a abordar ao estabelecer uma infraestrutura reguladora nacional para o programa de energia nuclear num país candidato à adesão. Estes factores baseiam-se, em grande medida, nas funções-chave de um organismo regulador que entra no mercado, de acordo com os requisitos internacionais e as melhores práticas reguladoras na indústria nuclear. Os factores que foram analisados no processo de criação de um quadro jurídico e regulamentar para o Quénia incluem

- Escolha da abordagem regulamentar

- Elaboração de regulamentos e guias de regulamentação

- Escolha do processo de licenciamento

- Abordagem de desenvolvimento dos recursos humanos

- Estrutura organizativa e modelo regulamentar

- Implicações da criação de um novo organismo regulador versus a atualização do atual organismo regulador

É bem sabido que uma abordagem global para garantir a aplicação de uma tecnologia nuclear segura, pacífica e protegida consiste em assegurar a existência de infra-estruturas de salvaguardas nucleares (não proliferação), segurança nuclear (luta contra o terrorismo) e segurança nuclear (liderança para o controlo técnico). No entanto, este estudo limita-se aos aspectos de segurança nuclear da energia nuclear. A segurança nuclear e as salvaguardas nucleares, que são actividades que também serão regulamentadas, não fazem parte do presente estudo.

CAPÍTULO 2

2 METODOLOGIA

O objetivo desta tese é explorar as possíveis estratégias que o Quénia pode adotar no estabelecimento do seu quadro regulamentar para a implementação do programa de energia nuclear. Analisa especificamente os factores que devem ser considerados e abordados no processo de criação de um organismo regulador nuclear competente e funcional com independência efectiva para regular eficazmente a indústria de energia nuclear prevista no Quénia.

Sendo este um assunto abstrato que envolve algumas decisões políticas, os seus resultados não podem ser quantificados ou medidos. Por conseguinte, foram amplamente utilizados métodos qualitativos para atingir os objectivos do estudo. A metodologia específica utilizada inclui estudos de benchmarking e revisão da literatura sobre normas e directrizes internacionais para a criação de um organismo regulador nuclear. Isto envolveu uma análise das normas e orientações de segurança da Agência Internacional da Energia Atómica (AIEA). Além disso, foi analisada a situação das legislações existentes no Quénia, que são relevantes para o programa de energia nuclear, bem como os instrumentos internacionais que foram ratificados e os que estão a ser considerados. Isto foi importante para determinar em que medida cobrem as actividades do programa e para identificar as lacunas com base nos requisitos internacionais e nas melhores práticas da indústria nuclear. O método de estudo de casos foi também aplicado no estudo em que foram estudados os quadros regulamentares de países seleccionados. Os estudos de casos ilustraram os cenários reais sobre os vários caminhos que os diferentes países adoptaram para desenvolver os seus quadros regulamentares nacionais. Por último, recorreu-se ao parecer de peritos para recolher opiniões abalizadas com base na sua experiência no sector nuclear. A Figura 2.1 abaixo mostra o fluxo de trabalho global desta tese.

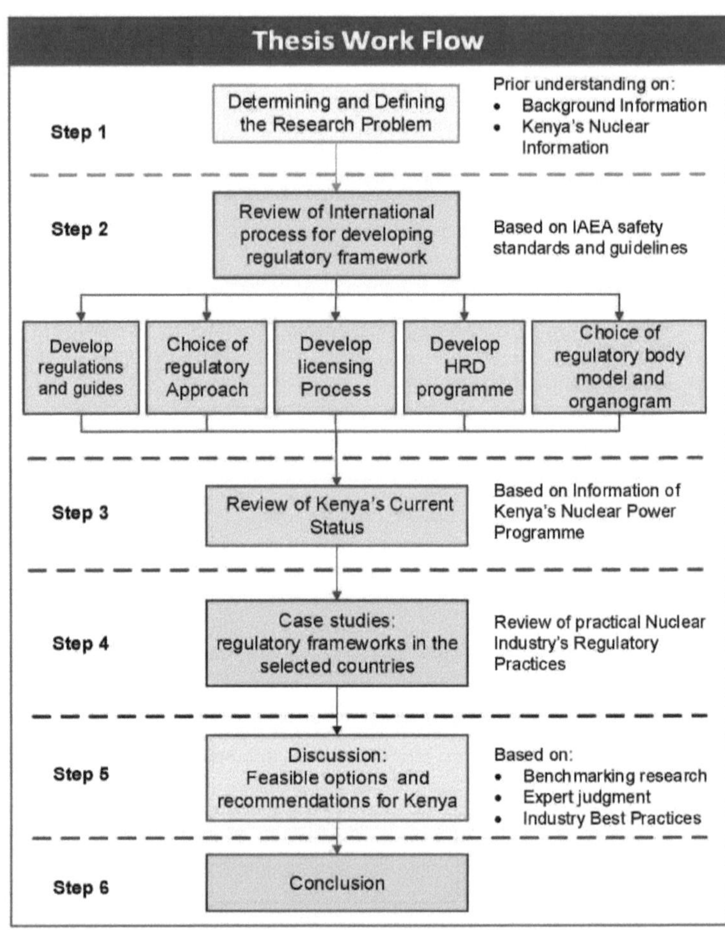

Figura 2.1: Fluxo de trabalho da tese

CAPÍTULO 3

3 REVISÃO DA LITERATURA

3.1 CRIAÇÃO DE UM SISTEMA JURÍDICO E DE UM QUADRO REGULAMENTAR

O primeiro passo mais importante na execução do programa nuclear em qualquer país é a criação de um sistema jurídico e regulamentar que sirva de referência a todas as actividades. Tal como estipulado no *Handbook of Nuclear law 2010*, não existe uma abordagem abrangente para a redação da legislação nuclear [3]. Os diferentes países utilizaram abordagens diferentes na redação das suas legislações nacionais. Um aspeto comum é o papel fundamental desempenhado pelo governo em todo o processo de criação do sistema jurídico e do quadro regulamentar. O governo tem de assegurar a existência de um sistema jurídico hierárquico, coerente com as normas internacionais. A Figura 3.1 ilustra a hierarquia das normas de segurança da AIEA em comparação com uma hierarquia típica de documentos legislativos e regulamentares de um país.

A legislação nuclear de um país pode ser elaborada através da adoção de modelos fornecidos pela AIEA ou de textos de legislação adoptados por países com quadros jurídicos estabelecidos. O fator mais importante a considerar aqui é assegurar que a nova legislação redigida está sincronizada com a base jurídica do quadro regulamentar existente e com outras leis aplicáveis. É igualmente vantajoso assegurar a sincronia da legislação elaborada com os quadros legislativos nucleares de outros países.

O estabelecimento de infra-estruturas de regulamentação nuclear implica a criação de regras e regulamentos, normas e guias, bem como de um organismo de regulamentação para gerir a indústria nuclear. A lei promulgada deve abordar claramente as seguintes questões relativas ao organismo regulador: âmbito das suas responsabilidades, funções e autoridades; a sua posição na estrutura governamental; e os meios para o financiar e dotar de pessoal.

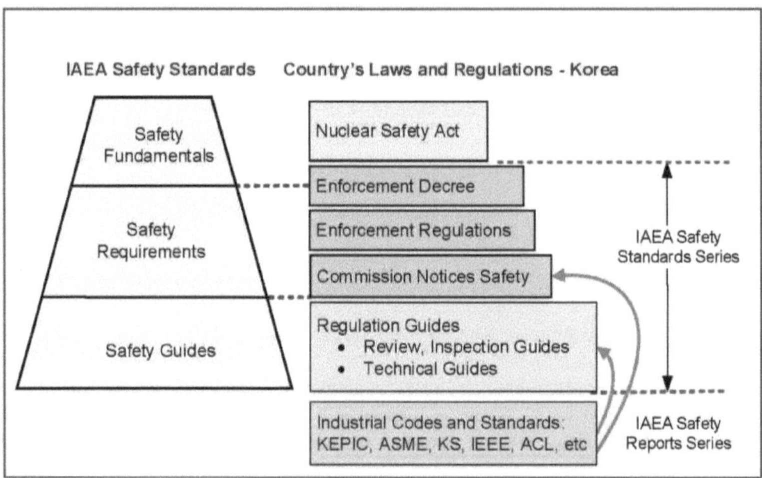

Figura 3.1: Normas de segurança da AIEA em comparação com as normas nacionais de segurança nuclear

documentos regulamentares

3.2 ABORDAGEM POR ETAPAS DO IAEA

De acordo com a abordagem dos marcos da AIEA, o desenvolvimento da infraestrutura jurídica e regulamentar está distribuído em três fases, tal como acontece com outras questões de infraestrutura. A Figura 3.2 mostra estas fases e alguns passos importantes no desenvolvimento da infraestrutura de segurança e do quadro regulamentar.

3.1.1 FASE 1: FASE DE PRÉ-PROJECTO

A primeira fase da abordagem por etapas da AIEA analisa as actividades antes de se tomar a decisão de iniciar um programa de energia nuclear. Esta fase começa com uma iniciativa para explorar a viabilidade da opção da energia nuclear. A NEPIO é o principal organismo que prossegue o progresso do desenvolvimento de infra-estruturas nesta fase. As actividades a realizar consistem em identificar os instrumentos jurídicos nacionais e internacionais que devem ser implementados para apoiar o programa nuclear nacional. Nesta fase, é importante identificar uma estratégia para a elaboração e promulgação de legislação nuclear nacional, bem como uma estratégia para criar ou reforçar, financiar e dotar de pessoal um organismo regulador independente e eficaz [4].

3.1.2 FASE 2: TOMADA DE DECISÃO SOBRE O PROJECTO

A fase 2 começa depois de ter sido tomada uma decisão fundamentada para que um país embarque na implementação de um programa de energia nuclear. Nesta fase, as actividades centram-se nos trabalhos de introdução à construção da central nuclear. Conforme ilustrado na Figura 3.2, a infraestrutura reguladora, a lei nuclear de base e o organismo regulador devem ser criados nas fases iniciais desta fase. O organismo regulador é a principal entidade responsável pelo desenvolvimento da infraestrutura reguladora. O organismo regulador deve elaborar regulamentos e guias, desenvolver um processo de licenciamento, bem como especificar os requisitos de segurança que serão seguidos durante o processo de concurso. Espera-se que a entidade reguladora estabeleça uma relação de trabalho adequada com as organizações relevantes, tanto a nível nacional como internacional. É também importante que o organismo regulador estabeleça um sólido programa de recursos humanos nas áreas especializadas de competência necessárias para conduzir as actividades reguladoras nesta fase e nas fases subsequentes da implementação do programa de energia nuclear [5].

3.2.3 FASE 3: FASE DE CONSTRUÇÃO

A terceira fase começa quando se determina que o país completou as actividades da segunda fase e está pronto para convidar à apresentação de propostas para a sua primeira central nuclear. Nesta fase, o governo tem de garantir que o quadro jurídico instituído está totalmente funcional e operacional. Espera-se que o órgão regulador planeie e desempenhe todas as suas funções e deveres de acordo com a abordagem reguladora selecionada e os procedimentos reguladores em vigor, mantendo relações de trabalho adequadas com a organização operadora. A Figura 3.3 mostra o envolvimento das principais entidades na implementação do programa de energia nuclear.

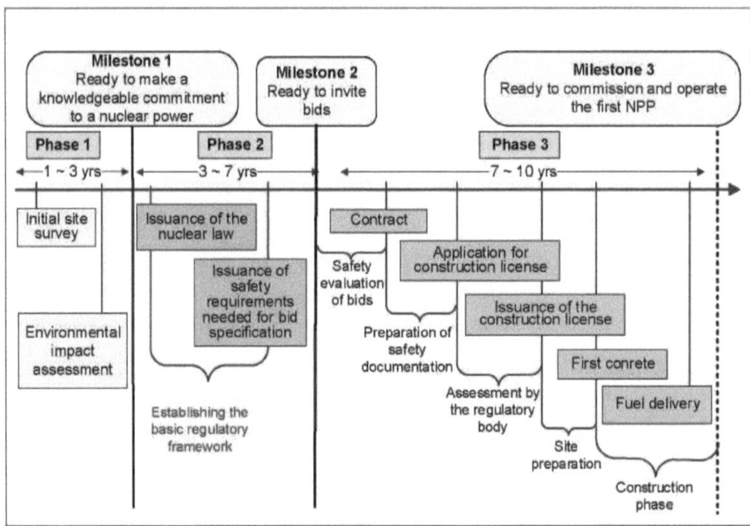

Figura 3.2: Etapas importantes para o desenvolvimento da infraestrutura de segurança [5]

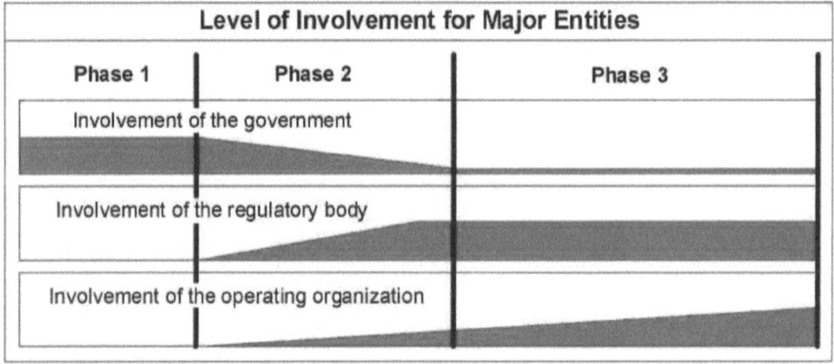

Figura 3.3: Principais entidades na execução de um programa de energia nuclear [5]

3.3 INDEPENDÊNCIA EFECTIVA DO ORGANISMO REGULADOR

A independência de um organismo regulador é um requisito importante para a aplicação efectiva do programa de energia nuclear. No entanto, como se afirma no manual de direito, a independência do organismo regulador não pode ser absoluta, pelo que o que é necessário é uma "independência efectiva". A independência regulamentar efectiva não exige que um organismo regulador esteja completamente isolado de outros organismos governamentais ou das suas partes interessadas. Pelo contrário, o organismo regulador deve ser capaz de executar as suas funções fundamentais sem pressões ou condicionalismos desnecessários que comprometam a segurança. O manual de direito estabelece seis meios aceites para realizar a independência regulamentar efectiva, nomeadamente [3]:

- Separação institucional das funções regulamentares e não regulamentares.

- Restrições à destituição de funcionários reguladores por motivos políticos.

- Mandatos fixos para os funcionários responsáveis pela regulamentação.

- Acesso sem restrições à imprensa, aos meios de comunicação social e ao público.

- Apresentar relatórios a um funcionário ou organização sem responsabilidades contraditórias.

- Autoridade orçamental e de emprego separada para a entidade reguladora.

3.4 PRINCIPAIS FUNÇÕES DO NOVO ORGANISMO REGULADOR

Durante a segunda fase do desenvolvimento da energia nuclear, o novo organismo regulador deve desempenhar três funções principais, nomeadamente: desenvolver os regulamentos e guias que regerão todas as futuras actividades nucleares a introduzir no país; desenvolver um processo de licenciamento para a concessão de uma licença às instalações nucleares; e estabelecer um sólido programa de recursos humanos.

3.4.1 ELABORAÇÃO DE REGULAMENTOS E GUIAS

A entidade reguladora é obrigada a propor e promulgar os regulamentos e guias de segurança, bem como a adotar os códigos industriais que abrangerão todas as actividades da indústria nuclear. Espera-se que estes regulamentos e guias sejam coerentes com a legislação adoptada. O INSAG-26 define duas abordagens que um país recém-chegado ao mercado pode seguir para elaborar a sua regulamentação nacional. A primeira consiste em adotar ou adaptar a regulamentação de um país que tenha licenciado o mesmo tipo de central nuclear. A outra abordagem consiste em estabelecer primeiro regulamentos neutros em termos de tecnologia, como as normas de segurança da AIEA, que podem depois ser aperfeiçoados por regulamentos mais específicos em termos de conceção após a escolha de uma tecnologia específica [6]. As normas de segurança da AIEA apresentam o nível mínimo internacionalmente aceitável e não necessariamente o nível de exigência atual num determinado país [7]. A Figura 3.4 ilustra a estrutura da série de normas de segurança da AIEA.

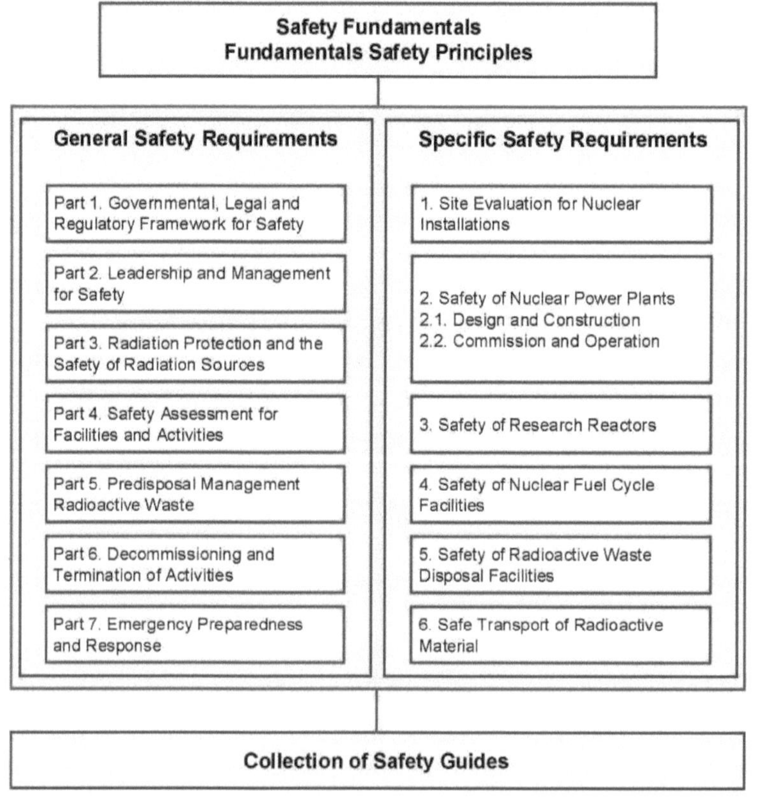

3.4.1.1 As abordagens regulamentares

De acordo com o SSG-16, o novo organismo regulador terá de decidir sobre a abordagem regulamentar a adotar que satisfaça as necessidades do país e a decisão final sobre a abordagem escolhida será aprovada pelo governo. Tal deve-se ao facto de, como explicado anteriormente, cada abordagem regulamentar ter implicações variadas em termos de recursos, tanto orçamentais como humanos, pelo que é necessário um planeamento adequado [6]. Num estudo realizado para

Autoridade Sueca para a Segurança das Radiações, foram identificadas seis abordagens regulamentares atualmente aplicadas na indústria nuclear. Estas incluem a abordagem prescritiva, a abordagem baseada nas instalações, a abordagem baseada nos resultados, a abordagem baseada nos riscos ou perigos, a abordagem baseada nos processos, a abordagem baseada na autoavaliação e a abordagem baseada na educação/influência [8]. Por outro lado, o SSG-16 identifica as abordagens regulamentares prescritivas e baseadas no desempenho como duas alternativas principais que um novo organismo regulador pode adotar [5].

3.4.1.1.1 Abordagem regulamentar prescritiva

Trata-se de uma abordagem regulamentar segundo a qual um grande número de regulamentos em matéria de segurança requer um desenvolvimento pormenorizado. O organismo regulador estabelece um conjunto pormenorizado de requisitos técnicos, incluindo requisitos específicos para a realização de actividades e soluções técnicas a que o titular da licença/operador deve dar resposta. Esta opção exige que o organismo regulador disponha de recursos adequados para desenvolver e atualizar os regulamentos. A principal vantagem desta abordagem é a existência de requisitos claros e pormenorizados, tanto para a entidade reguladora como para o titular da licença, e pode ser utilizada para fazer cumprir a autoridade reguladora específica. No entanto, esta abordagem apresenta um conjunto inflexível de requisitos para o titular da licença/operador, ao passo que para a entidade reguladora consome muitos recursos. Esta abordagem também atribui a responsabilidade pela segurança ao organismo regulador, reduzindo assim a responsabilidade do operador pela segurança.

3.4.1.1.2 *Abordagem regulamentar baseada no desempenho*

Aqui, a entidade reguladora institui objectivos de segurança com regulamentos menos detalhados e a organização operacional determina como cumprir os objectivos estabelecidos. A responsabilidade global pela segurança recai sobre a organização operacional. O desafio desta abordagem é a dificuldade de identificar as medidas de resultados. Além disso, tal como referido no SSG-16, esta opção pode ser uma escolha difícil para um novo organismo regulador, uma vez que exige o estabelecimento de objectivos e metas de segurança específicos, o que requer um elevado nível de competência profissional entre o pessoal de todas as organizações participantes.

3.4.1.1.3 *Abordagem regulamentar baseada em instalações*

Esta abordagem, também conhecida como abordagem baseada em casos, determina os requisitos de segurança para cada operador através de uma avaliação individual da sua conceção e funcionamento, com base no historial único de cada instalação ou caso. Esta abordagem permite que o organismo regulador trate de questões e características únicas das instalações. A vantagem desta abordagem é a flexibilidade da organização operacional na adaptação às respostas regulamentares de situações únicas. No entanto, devido ao facto de os requisitos regulamentares serem diferentes para diferentes operadores e diferentes situações, em algumas situações, a entidade reguladora pode parecer injusta, inconsistente e arbitrária. Além disso, esta abordagem pode exigir muitos recursos ao organismo regulador.

3.4.1.1.4 *Abordagem regulamentar baseada no risco ou no perigo*

Nesta abordagem, a ênfase regulamentar é colocada nas áreas de maior risco e perigo, melhorando assim o desempenho da segurança. O nível de atenção regulamentar pré-requisito é determinado pela avaliação do risco ou perigo específico. No entanto, o inconveniente desta abordagem reside nos métodos de análise dos riscos e perigos. Estes métodos têm limitações que são de certa forma ignoradas e podem levar a que algumas áreas recebam pouca ou mesmo nenhuma atenção.

3.4.1.1.5   Abordagem regulamentar baseada em processos

Esta abordagem identifica processos específicos que resultam num desempenho seguro da fábrica. À semelhança da abordagem baseada no desempenho, cabe à organização operacional estabelecer estes processos e determinar a forma de os implementar eficazmente. O desafio desta abordagem é a dificuldade de definir e avaliar estes processos.

3.4.1.1.6   Abordagem regulamentar baseada na autoavaliação

Nesta abordagem regulamentar, o operador desenvolve e implementa programas de autoavaliação. A entidade reguladora avalia estes programas de autoavaliação, analisa os resultados das avaliações do operador e inspecciona seletivamente o seguimento dado pelo operador aos resultados da autoavaliação. Considera-se que esta abordagem promove a melhoria contínua por parte do operador. No entanto, não deve ser uma abordagem independente, devendo antes ser acompanhada de perto pelo organismo regulador.

3.4.1.1.7   Educação/Influência Abordagem regulamentar

Nesta abordagem regulamentar, o organismo regulador fornece informações e oportunidades de formação à indústria com o objetivo de melhorar o desempenho da indústria. Trata-se de uma abordagem útil, especialmente aquando da introdução de novos programas e da comunicação com as partes interessadas. No entanto, esta abordagem exige uma experiência regulamentar adequada e depende da aceitação do operador.

3.4.2 DESENVOLVIMENTO DO PROCESSO DE LICENCIAMENTO

O órgão regulador é obrigado a estabelecer um processo de licenciamento, que será seguido para analisar e avaliar várias submissões por candidatos ou organização operacional. Para uma entidade reguladora recém-chegada, uma das estratégias para desenvolver o processo de licenciamento é trabalhar com uma entidade reguladora experiente, especialmente a entidade reguladora cuja abordagem reguladora seja consistente com a de um país candidato. Isto será importante para compreender e incorporar o trabalho genérico do regulador experiente na central de referência, o que facilitará uma revisão completa do projeto da central sem comprometer a segurança e evitará atrasos no projeto [6].

A PNP é composta por várias etapas, conforme ilustrado na Figura 3.5. Estas etapas podem ser subdivididas ou fundidas para facilitar ou facilitar o processo regulamentar [9].

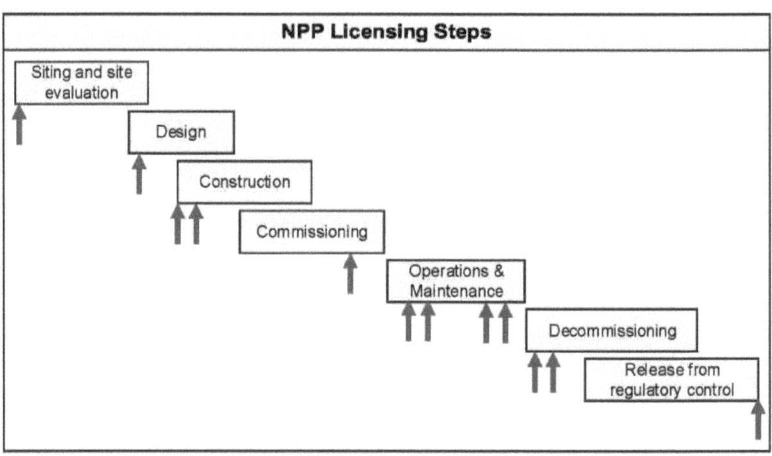

Figura 3.5: Etapas do licenciamento de uma central nuclear [9]

Existem dois tipos principais de licenciamento utilizados atualmente no licenciamento de centrais nucleares; em primeiro lugar, temos o licenciamento em várias etapas, por exemplo, o licenciamento em duas etapas com licenças distintas, uma para a construção e outra para a exploração. Em segundo lugar, temos o licenciamento numa única fase, por exemplo, uma licença combinada de construção e de exploração. A Figura 3.6 ilustra os processos de licenciamento em duas etapas e em uma etapa e os seus prazos previstos. Há factores importantes que devem ser considerados e esclarecidos, independentemente da opção do processo de licenciamento. O primeiro é o licenciamento prévio do projeto da central ou do local. Trata-se de um fator imperativo de um sistema regulamentar, pois reduz o risco do processo de licenciamento, tornando-o mais previsível e seguro. O outro fator importante é o processo de licenciamento não nuclear, que parece sobrepor-se aos processos de licenciamento nuclear, para evitar conflitos desnecessários no sistema regulamentar [10].

3.4.2.1 Licenciamento em duas etapas

Trata-se de um processo de licenciamento em que o requerente recebe uma licença de construção (CP) e uma licença de exploração (OL) separadas. A licença específica é emitida assim que a entidade reguladora estiver satisfeita com os requisitos de segurança do projeto da central e com a adequação do local potencial. A entidade reguladora emite uma PC, que permite ao requerente iniciar a construção da central. O pedido de PC inclui o PSAR (Relatório Preliminar de Análise de Segurança), o ER (Relatório Ambiental), o programa QA (Garantia de Qualidade) e declarações financeiras e antitrust. Durante o período de construção, o requerente apresenta um pedido de OL, que só será emitido se todos os requisitos de segurança e ambientais forem cumpridos. O pedido de OL contém o FSAR (Relatório Final de Análise de Segurança), as especificações técnicas operacionais, o plano de emergência radiológica, o programa de GQ e o ER atualizado.

3.4.2.2 Licenciamento de uma etapa (combinado)

Este processo de licenciamento autoriza a construção e o funcionamento condicional da central nuclear. As informações exigidas no pedido de licença numa fase são semelhantes às da licença em duas fases, conforme descrito acima. Além disso, o requerente deve descrever as inspecções, os testes, as análises e os critérios de aceitação (ITAAC) que garantirão que a central eléctrica foi construída como deve ser e que funcionará em segurança. O processo de licenciamento combinado representa um processo de licenciamento mais previsível e consistente, que garante que as principais questões serão resolvidas antes do início da construção da central nuclear. Por conseguinte, elimina as incertezas regulamentares do processo de licenciamento em duas fases [6].

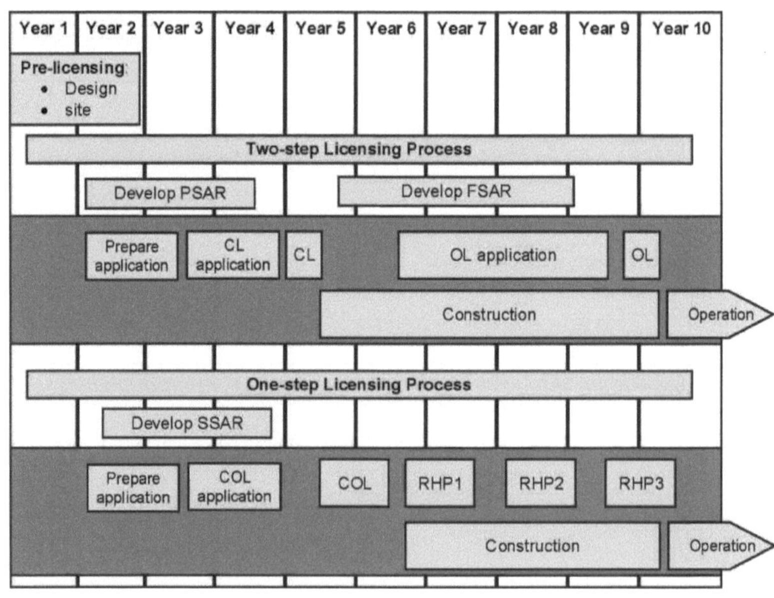

CL: Licença de construção

_______ ....**RHP:** R g^{eu} la^{tor} y H^o ld P^{oint}

COL: Licença combinada de construção e exploração

PSAR: Relatório Preliminar de Análise de Segurança **OL:** Licença de Operação

SSAR: Relatório normalizado de análise de segurança **FSAR:** Relatório final de análise de segurança

Figura 3.6: Processos de licenciamento de centrais nucleares em várias etapas e numa única etapa [10]

3.4.3 CRIAÇÃO DE UM PROGRAMA DE RECURSOS HUMANOS

O desenvolvimento dos recursos humanos é uma atividade crítica no programa de energia nuclear e deve ser abordado desde o início do programa. Para que o organismo regulador possa desempenhar eficazmente as suas funções, deve ser autossuficiente e dispor de pessoal competente em todas as áreas funcionais. Isto pode ser implementado através do estabelecimento de um programa de recursos humanos para garantir que o pessoal seja bem treinado em novos princípios e conceitos de segurança e desenvolvimentos tecnológicos [6]. Num país emergente como o Quénia, o programa de formação exigirá custos significativos, bem como um longo período. As quatro principais áreas de competências que um organismo regulador deve ter para funcionar eficazmente são a competência em disciplinas técnicas, a competência em bases jurídicas e processos reguladores, a competência em práticas reguladoras e a competência em aptidões pessoais e interpessoais.

De acordo com a abordagem por etapas da AIEA para o desenvolvimento do programa de energia nuclear, o plano político para o desenvolvimento dos recursos humanos é preparado na primeira fase. Em seguida, a segunda fase envolve o desenvolvimento de uma decisão política relativa à implementação dos planos políticos, incluindo uma estratégia para atrair e manter o pessoal, para desenvolver programas de educação e formação e para estabelecer instituições essenciais. Na terceira fase, todas as organizações relevantes devem ser dotadas de pessoal competente em número suficiente para realizar eficazmente todas as actividades no momento oportuno [5].

O número de efectivos da entidade reguladora dependerá do número de Organizações de Apoio Técnico (OAT) que apoiam a entidade reguladora e dependerá da abordagem reguladora aprovada. Em geral, a entidade reguladora pode ter uma equipa de aproximadamente 40-60 pessoas com as competências necessárias para desempenhar as suas funções e deveres. O número máximo de efectivos da entidade reguladora pode variar entre 100 e 150, dependendo da quantidade de apoio técnico disponível e do volume de trabalho [4].

3.5 ESTRUTURA ORGANIZACIONAL E MODELO DE ÓRGÃO REGULADOR

Os diferentes países têm diferentes estruturas organizacionais para a entidade reguladora, dependendo do quadro legislativo e constitucional em vigor. A estrutura organizacional e a dimensão da entidade reguladora dependerão da quantidade e natureza das instalações a regular, da abordagem reguladora adoptada, do número de organizações operacionais e da disposição legal em vigor [11]. Os três principais modelos que podem ser utilizados para estabelecer uma entidade reguladora são a Comissão Reguladora Independente, o Departamento ou Organização Departamental e o Comité Administrativo Especial.

3.5.1 COMISSÃO REGULADORA INDEPENDENTE

Neste tipo de modelo regulamentar, a independência é garantida, uma vez que o quadro legislativo, administrativo e judicial em vigor a controla diretamente. O Presidente não pode rejeitar a decisão da Comissão. A decisão da Comissão só pode ser anulada por decisão judicial. A influência política é eliminada através da eleição de comissários que devem ser equilibrados entre os partidos políticos. A entidade reguladora adopta as regras e os regulamentos delegados pelo poder legislativo. A comissão é apoiada pelo TSO. Exemplos de organismos reguladores existentes com este modelo regulador incluem: Nuclear Safety and Security Commission (NSSC) na Coreia do Sul; United States Nuclear Regulatory Commission (NRC) nos EUA; Nuclear Regulation Authority (NRA) no Japão; e Canadian Nuclear Safety Commission (CNSC) no Canadá.

3.5.2 DEPARTAMENTO OU ORGANIZAÇÃO DEPARTAMENTAL

Este modelo é normalmente utilizado pelos países candidatos à adesão. O organismo regulador está organizado sob a alçada de um departamento administrativo e o seu âmbito de trabalho, para além da regulamentação nuclear, pode incluir a promoção. Neste modelo, a independência do organismo regulador não é garantida. As funções de regulamentação devem ser claramente separadas das funções de promoção, mas tal dependerá da personalidade dos dirigentes do organismo de regulamentação. Na maioria dos casos, a função de promoção pode ser mais destacada do que a função de regulação, uma vez que os efeitos da política de promoção são normalmente mais visíveis do que os da política de regulação. Alguns exemplos de organismos reguladores anteriores (exceto a China) que tinham este tipo de estruturas organizacionais incluem o Departamento de Energia Nuclear do Ministério da Ciência e Tecnologia, Coreia; a Agência de Segurança Nuclear e Industrial do Ministério da Economia, Comércio e Indústria, Japão; e a Administração Nacional de Segurança Nuclear do Ministério da Proteção do Ambiente, China.

3.5.3 COMITÉ ADMINISTRATIVO ESPECIAL

O organismo administrativo especial pode ser uma entidade governamental ou não governamental. A independência do organismo regulador pode ser garantida. Os membros do comité são nomeados ou eleitos nos sectores público ou civil. Exemplos de tais entidades incluem: a Comissão de Saúde e Segurança, Reino Unido; a Comissão de Serviços Financeiros, Reino Unido.

Comissão de Comércio Justo, Coreia; e Comissão de Comércio Justo, Coreia.

CAPÍTULO 4

4 SITUAÇÃO ACTUAL DO QUÉNIA
4.1 LEGISLAÇÃO NACIONAL RELEVANTE PARA A ENERGIA NUCLEAR

Várias legislações quenianas são relevantes para a execução do programa de energia nuclear. Estas legislações devem ser consideradas porque podem ter uma influência direta ou indireta no desenvolvimento do quadro legislativo e regulamentar nacional do Quénia no domínio nuclear. Incluem: A Constituição do Quénia, 2010; Projeto de Política Energética Nacional, 2015 e Projeto de Lei da Energia, 2015; *Lei da Proteção das Radiações*, 1982; *Lei da Coordenação da Gestão Ambiental*, 1999; *Lei da Prevenção do Terrorismo*, 2013; *Lei do Licenciamento dos Transportes*, 2007; e *Lei da Segurança e Saúde no Trabalho*, 2007.

4.1.1 A CONSTITUIÇÃO (2010)

A Constituição do Quénia prevê vários direitos fundamentais que são importantes no contexto do desenvolvimento do programa de energia nuclear do Quénia, em especial na declaração de direitos. Em primeiro lugar, a proteção do direito de propriedade, o artigo 40° impede a privação arbitrária da propriedade e o artigo 60° estabelece os princípios da política fundiária no Quénia. O artigo 66° estabelece que o Estado pode regular a utilização de qualquer terreno no interesse da ordem pública, da saúde pública, do ordenamento do território, da defesa, da moralidade pública ou da segurança pública. Em segundo lugar, o direito a um ambiente limpo e saudável. A alínea a) do artigo 42° estabelece que todas as pessoas têm direito a um ambiente limpo e saudável, o que inclui o direito a um ambiente protegido para as gerações actuais e futuras. Além disso, o n.° 2 do artigo 69.° estabelece que é dever de cada pessoa colaborar com os órgãos do Estado e com outras pessoas a fim de proteger e conservar o ambiente e assegurar um desenvolvimento e uma utilização ecologicamente sustentáveis dos recursos naturais [12].

4.1.2 PROJECTO DE POLÍTICA NACIONAL DA ENERGIA E DO PETRÓLEO (2015) E PROJECTO DE LEI DA ENERGIA (2015)

O projeto da Política Energética Nacional (janeiro de 2015) reconheceu expressamente a importância de diversificar as fontes de energia do Quénia à luz das fortes projecções de crescimento económico esperadas no futuro; o avanço do bem-estar socioeconómico; e o desejo de ver o Quénia tornar-se um país de rendimento médio altamente industrializado e modernizado até 2030. A procura de eletricidade no âmbito do Grupo de Energia da África Oriental também justifica a necessidade de introdução de centrais nucleares na rede queniana. De acordo com a previsão, a primeira central nuclear de 1.000MW deverá entrar em funcionamento em 2024 e três outras unidades de 1.000MW cada serão colocadas em funcionamento nos anos 2026, 2029 e 2031 [13].

4.1.3 LEI DE PROTECÇÃO CONTRA AS RADIAÇÕES (1982)

A *Lei de Proteção contra as Radiações de* 1982 estabeleceu a RPB, sob a tutela do Ministério da Saúde e do Saneamento, como entidade reguladora das fontes de radiação convencionais. As funções do conselho incluem: proteger as pessoas e o ambiente da exposição destrutiva à radiação ionizante; proteger as fontes físicas contra o acesso não autorizado, a perda, o roubo ou o tráfico ilícito de materiais radioactivos; e assegurar a eliminação adequada dos resíduos radioactivos. A direção é também a agência líder na análise da avaliação do impacto ambiental das radiações ionizantes [14].

4.1.4 LEI DE COORDENAÇÃO DA GESTÃO AMBIENTAL (1999)

A *Lei de Coordenação da Gestão Ambiental* (EMCA) de 1999 criou a NEMA (Autoridade Nacional de Gestão Ambiental) como a agência responsável pela implementação de todas as políticas relacionadas com a gestão ambiental. Prevê igualmente a criação de um quadro jurídico e de mecanismos para a gestão do ambiente e de questões conexas. A EMCA encarrega a Autoridade de estabelecer normas para a fixação de níveis aceitáveis de radiações ionizantes e outras radiações no ambiente, em consulta com as agências competentes; de fornecer informações, alertar e proteger o público em caso de exposição real ou potencial a radiações ionizantes; e de manter registos das substâncias radioactivas importadas para o Quénia, bem como registos da libertação de contaminantes radioactivos no ambiente [15].

4.1.5 LEI DE PREVENÇÃO DO TERRORISMO (2013)

A *Lei de Prevenção do Terrorismo* prevê medidas de deteção e prevenção de actividades terroristas. As actividades terroristas incluem a prática efectiva de actos de terrorismo, a facilitação do terrorismo, a solicitação, o financiamento e o financiamento de actividades terroristas, bem como o acolhimento ou a ocultação de um terrorista. A lei prevê penas de prisão punitivas para as entidades e pessoas condenadas por qualquer infração ao abrigo da lei e prevê a indemnização das vítimas do terrorismo através de um fundo de terrorismo. A

A Lei de Prevenção do Terrorismo (Prevention of Terrorism Act) é importante no contexto da segurança nuclear, dado que proporciona uma base para combater a utilização de materiais nucleares para actividades terroristas [16].

4.1.6 LEI DE LICENCIAMENTO DOS TRANSPORTES (1979)

A lei relativa ao *licenciamento dos transportes (Transport Licensing Act* - TLA) de 1979 criou uma comissão de licenciamento dos transportes como autoridade responsável pelo licenciamento dos transportes. A TLA também prevê classes de licenças e regulamentos de transporte para o transporte de mercadorias no Quénia, incluindo infracções e processos judiciais em caso de desvios ou violação da lei [17].

4.1.7 LEI SOBRE SEGURANÇA E SAÚDE NO TRABALHO (2007)

A *Lei sobre Segurança e Saúde no Trabalho* (OSHA) de 2007 identificou a DOSHS (Direção dos

Serviços de Segurança e Saúde no Trabalho), sob a tutela do Ministério do Trabalho, como autoridade responsável pelos serviços de segurança e saúde no trabalho no Quénia. De acordo com a OSHA, é da responsabilidade do ocupante garantir a segurança, o bem-estar e a saúde no trabalho de todas as pessoas que trabalham no local de trabalho do ocupante [18].

4.2 INSTRUMENTOS INTERNACIONAIS SOBRE A UTILIZAÇÃO DA ENERGIA NUCLEAR

Esta parte fornece informações sobre os instrumentos jurídicos internacionais em matéria nuclear que foram ratificados no Quénia e sobre os que não foram ratificados mas estão a ser analisados. Estes instrumentos foram classificados em quatro grupos principais, nomeadamente: proteção nuclear, segurança nuclear, salvaguardas e responsabilidade por danos resultantes de acidentes nucleares.

4.2.1 INSTRUMENTOS JURÍDICOS INTERNACIONAIS RATIFICADOS NO QUÉNIA

Quadro 4.1: Instrumentos de segurança nuclear ratificados

No.	Name of the instrument (Nuclear security)
1.	The Terrorist Bombings Convention: International Convention for the Suppression of Terrorist Bombings.
2.	CPPNM: Convention on the Physical Protection of Nuclear Material
3.	2005 Amendment to the Convention on the Physical Protection of Nuclear Material.
4.	The Nuclear Terrorism Convention: International Convention for the Suppression of Acts of Nuclear Terrorism.
5.	1988 SUA Convention: Convention for the Suppression of Unlawful Acts against the Safety of Maritime Navigation 1988.
6.	2005 Protocol to the Convention for the Suppression of Unlawful Acts against the Safety of Maritime Navigation 1988.
7.	International Convention for the Suppression of the Financing of Terrorism.
8.	1988 Fixed Platforms Protocol: Protocol for the Suppression of Unlawful Acts against the Safety of Fixed Platforms located on the Continental Shelf.
9.	UNSCR 1373 (2001): UN Security Council Resolution 1373 (2001).
10.	UNSCR 1540 (2004): UN Security Council Resolutions 1540 (2004).
11.	LC PROT 1996: The 1996 Protocol to the Convention on the Prevention of Marine Pollution by Dumping of Wastes and Other Matter of 29 December, 1972.

Tabela 4.2: Instrumentos de salvaguardas nucleares ratificados

No.	Name of the instrument (Nuclear safeguards)
1.	The NPT: Treaty on Non-Proliferation of Nuclear Weapons
2.	INFCIRC/540 (Corr): Model Protocol Additional to Agreement(s) between States and the IAEA for the Application of Safeguards
3.	The SQP: Small Quantities Protocol.
4.	The Treaty of Pelindaba: African Nuclear- Weapon Free Zone Treaty
5.	The CTBT Comprehensive Nuclear Test Ban Treaty.
6.	The PTBT: Partial Ban Treaty 1963.
7.	LC Prot 1972: Convention on the Prevention of Marine Pollution by Dumping of Wastes and Other Matter, 1972, as amended.
8.	The CSA: Comprehensive Safeguards Agreement under the NPT.

4.2.2 INSTRUMENTOS JURÍDICOS INTERNACIONAIS NÃO RATIFICADOS (EM CONSIDERAÇÃO) NO QUÉNIA

Quadro 4.3: Instrumentos de segurança nuclear não ratificados (em análise)

No.	Name of the instrument (Nuclear safety)
1.	Convention on Nuclear Safety
2.	Convention on Early Notification of a Nuclear Accident
3.	Convention on Assistance in the Case of a Nuclear Accident or Radiological Emergency
4.	Joint Convention on the Safety of Spent Fuel Management and on the Radioactive Waste Management

Quadro 4.4: Instrumentos de responsabilidade nuclear não ratificados (em análise)

No.	Name of the instrument (Nuclear Liability)
1.	Vienna Convention on Civil Liability on Nuclear Damage (1963)
2.	Protocol to Amend the 1963 Vienna Convention on Civil Liability for Nuclear Damage
3.	1988 Joint Protocol: Joint Protocol relating to the Application of the Vienna Convention and the Paris Convention
4.	The Convention on Supplementary Compensation for Nuclear Damage

CAPÍTULO 5

5 ESTUDOS DE CASO

Neste estudo, foram seleccionados cinco organismos reguladores nucleares para analisar os seus quadros jurídicos e regulamentares, bem como as suas práticas nos respectivos países. Estes organismos reguladores incluem: a Comissão de Regulamentação Nuclear (NRC) dos Estados Unidos da América (EUA), a Comissão de Segurança e Proteção Nuclear (NSSC) da República da Coreia, a Entidade Reguladora Nacional Nuclear (NNR) da África do Sul, a Autoridade Turca da Energia Atómica (TAEK) da Turquia e a Autoridade Federal de Regulamentação Nuclear (FANR) dos Emirados Árabes Unidos (EAU).

O NRC e o NSSC foram escolhidos devido aos seus quadros regulamentares bem estabelecidos. O NNR foi considerado por ser o único país com centrais nucleares em funcionamento em África. O TAEK e o FANR foram considerados por serem países que estão a entrar no programa de energia nuclear. A Turquia está a planear construir as suas centrais nucleares num futuro próximo, enquanto os EAU estão atualmente a construir quatro unidades de centrais nucleares APR 1400.

Foram estudados vários aspectos destes organismos reguladores. Em primeiro lugar, a sua criação, a estrutura organizacional e a forma como realizam o seu trabalho, as práticas regulamentares e o processo de licenciamento. Além disso, foram analisadas as leis importantes que afectam a indústria da energia nuclear e a hierarquia da regulamentação nuclear.

5.1 COMISSÃO REGULADORA NUCLEAR - EUA

A NRC é uma agência reguladora federal independente, mandatada para licenciar e regulamentar todos os aspectos da indústria nuclear e para efetuar investigação de apoio ao processo de licenciamento e regulamentação nos EUA. As responsabilidades da NRC consistem em proteger a saúde e a segurança públicas, proteger o ambiente, proteger e salvaguardar os materiais nucleares e as centrais nucleares para efeitos de segurança nacional e assegurar a conformidade com a legislação antitrust [19].

5.1.1 PRÁTICA REGULAMENTAR

A NRC está autorizada a licenciar e a regulamentar as instalações nucleares e os materiais nucleares. O processo regulamentar da NRC é composto por cinco componentes principais: elaboração de regulamentos e orientações para os titulares de licenças e candidatos; licenciamento, desativação e certificação; supervisão das operações e instalações dos titulares de licenças; avaliação da experiência operacional; e realização de investigação para apoiar as decisões regulamentares [20].

O processo de licenciamento da NRC é regido pelos regulamentos da NRC nas partes 50, 54 e 52 do CFR 10. Estes incluem os processos de pedido de licença, alteração da licença, extensão da licença e desativação de uma licença para uma instalação nuclear. A emissão e alteração de licenças de funcionamento de reactores é regida pelos regulamentos da NRC na Parte 50 do 10 CFR; os regulamentos na Parte 54 do 10 CFR regem a renovação de licenças de funcionamento. Os regulamentos constantes do 10 CFR, Parte 52, aplicam-se à emissão de licenças antecipadas de instalação, certificações de projeto e COL [19]. O NRC esforça-se por melhorar o seu processo regulamentar através de uma regulamentação baseada no risco e no desempenho.

5.1.2 LEGISLAÇÕES QUE AFECTAM A ENERGIA NUCLEAR

Tabela 5.1: Legislações que afectam a energia nuclear [19] [21]

No.	Electric Power Industry	Nuclear Power Industry
1.	American Recovery and Reinvestment Act of 2009	Atomic Energy Act of 1954
2.	Energy Independence and Security Act of 2007	Price-Anderson Nuclear Indemnity Act of 1957
3.	Energy Policy Act of 2005	Energy Reorganization Act of 1974
4.	Energy Policy Act of 1992	Nuclear Waste Policy Act of 1982
5.	Clean Air Act Amendments of 1990	Administrative Procedure Act
6.	Energy Tax Act of 1978	Low-Level Radioactive Waste Policy Amendments Act of 1985
7.	Public Utility Regulatory Policies Act of 1978	National Environmental Policy Act
8.	Clean Water Act of 1977	Nuclear Non-Proliferation Act of 1978
9.	Federal Power Act of 1935	Uranium Mill Tailings Radiation Control Act of 1978

5.1.2.1 Hierarquia da regulamentação nuclear dos EUA

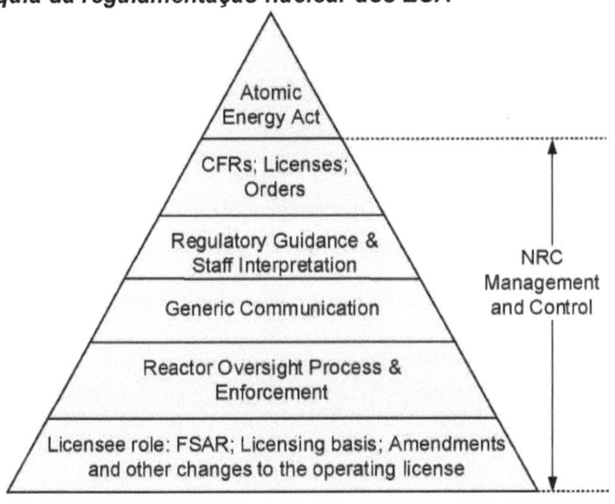

Figura 5.1: A hierarquia da regulamentação nuclear nos EUA [19]

Quadro 5.2: O objetivo da regulamentação nuclear nos EUA [19]

Tier	Nuclear Regulation	Purpose of Regulation
1	Atomic Energy Act of 1954 (AEA)	Authorizes NRC to implement the regulations specified in the 10CFR and NRC activities.
2	Code of Federal Regulations (CFR)	Provides regulations for the licensing of facilities that produces and/or utilizes nuclear and radioactive materials.
3	Standard Review Plan (SRP)	Provides guidance to NRC staff in reviewing various types of licensee's submittals/applications. To assure the quality and consistency of safety reviews as well as to avail information on regulatory matters widely to the stakeholders
4	Regulatory Guides (RGs)	Provides guidance to applicants and licensees on the acceptable approaches for complying with the NRC's regulatory requirements.
5	NUREGs	They compose of reports or brochures on results of incident investigations, results of research, regulatory decisions, and other technical and administrative information.
6	Industry Codes and Standards	They are developed by industry to ensure uniformity and consensus on best practices and propriety level

Tier	Nuclear Regulation	Purpose of Regulation
		needed for safe design. For example: ACI Standards, ASME B&PV Code, AWWA Standards, and ANS Standards.

5.1.3 ESTRUTURA ORGANIZACIONAL

O CNR é composto por cinco comissários, nomeados pelo Presidente e depois confirmados pelo Senado por um período de cinco anos. O presidente designa um dos comissários como presidente da comissão. O presidente actua como o principal funcionário executivo e porta-voz oficial da comissão. As funções da comissão consistem em formular políticas, elaborar regulamentos, julgar questões jurídicas e emitir ordens aos titulares de licenças. O diretor executivo de operações do NRC executa as políticas e decisões da comissão, para além de dirigir as actividades dos gabinetes de programas do NRC. A NRC é responsável perante o Congresso. A figura 5.2 apresenta a estrutura organizativa do NRC [19].

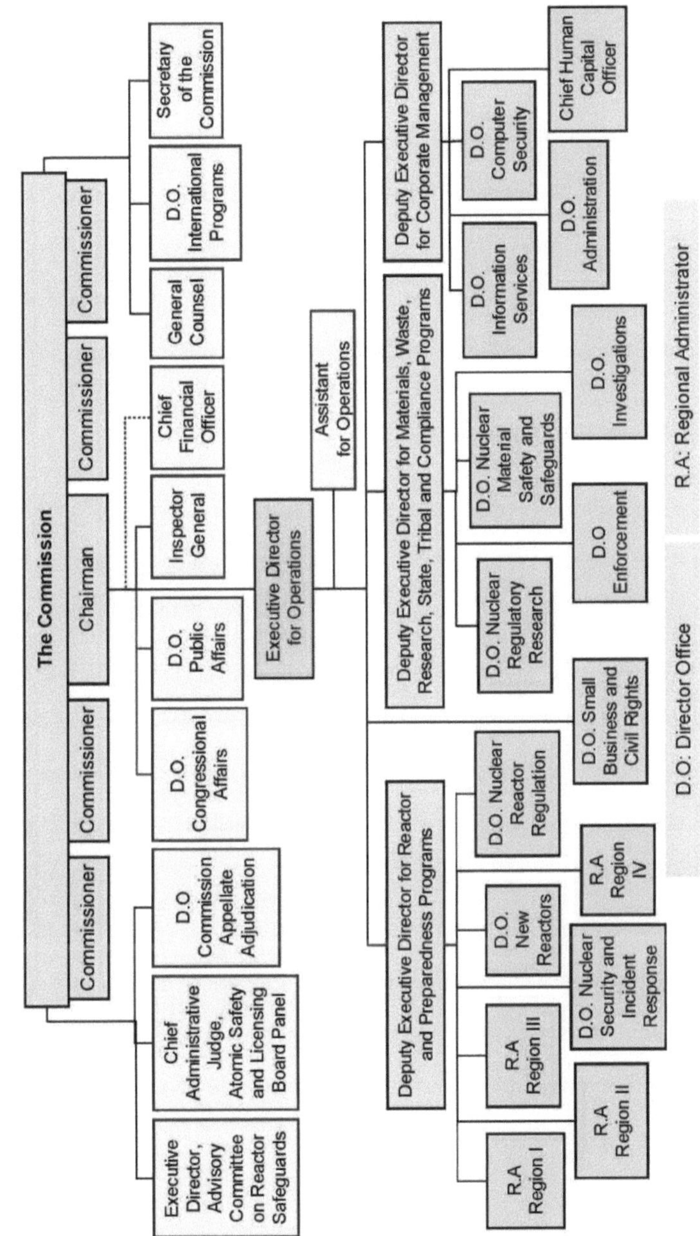

Figura 5.2: Estrutura organizacional do NRC [22]

5.2   COMISSÃO DE SEGURANÇA E PROTECÇÃO NUCLEAR - COREIA

O NSSC é o organismo regulador nacional do Governo coreano, cujas responsabilidades consistem em estabelecer políticas de regulamentação nuclear e implementar a regulamentação nuclear para actividades relacionadas com reactores de potência e de investigação e aplicações de radiação. O NSSC foi criado em novembro de 2011 e, em março de 2013, passou a estar sob a autoridade do primeiro-ministro. O âmbito de trabalho do NSSC abrange a regulamentação nuclear nacional, a segurança nuclear, a proteção contra as radiações e a preparação para emergências radiológicas [23].

5.2.1 PRÁTICA REGULAMENTAR

O NSSC é independente na sua tomada de decisões e recebe os conhecimentos técnicos de duas organizações de apoio técnico (TSO): Instituto Coreano de Segurança Nuclear (KINS) e Instituto Coreano de Não Proliferação e Controlo Nuclear (KINAC). O KINS foi criado de forma independente em 1990, ao abrigo da lei do instituto KINS, com o mandato de implementar os aspectos técnicos da regulamentação em matéria de segurança nuclear, em conformidade com a Lei da Segurança Nuclear. O KINAC foi criado em junho de 2006 e os seus mandatos consistem em executar as tarefas de salvaguardas, controlo da importação/exportação de materiais nucleares, proteção física e segurança das instalações e materiais nucleares [24].

Na Coreia, o processo de licenciamento é efectuado em duas fases, a saber, a licença de construção e a licença de exploração. Estas etapas são precedidas de etapas de pré-licenciamento, nomeadamente a aprovação antecipada do local e a aprovação do projeto normalizado para um novo projeto. A Figura 5.3 mostra o mecanismo de funcionamento entre a NSSC, a KINS e as Indústrias Nucleares.

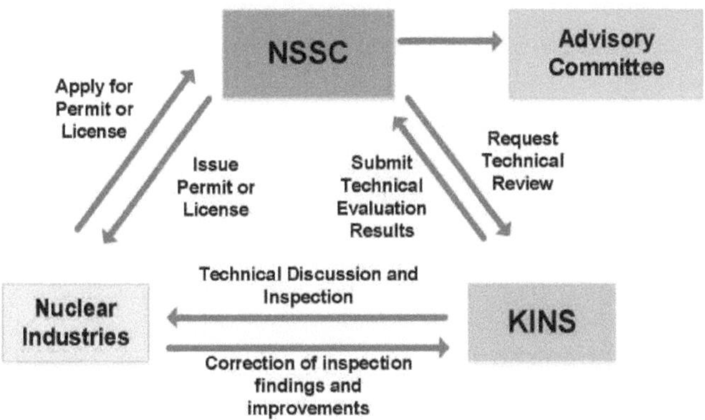

Figura 5.3: Mecanismo de funcionamento da NSSC, KINS e Indústrias Nucleares [25]

5.2.2 PRINCIPAIS LEIS E REGULAMENTOS QUE AFECTAM O SECTOR NUCLEAR INDÚSTRIA DA ENERGIA

Tabela 5.3: Legislação sobre regulamentação nuclear [24]

No.	Legislation on Nuclear Regulations
1.	Nuclear Safety Act
2.	Act on the Establishment and Operation of the NSSC
3.	Korea Institute of Nuclear Safety Act
4.	Act on Physical Protection and Radiological Emergency
5.	Nuclear Liability Act
6.	Act on Indemnity Agreement for Liability
7.	Act on Protective Action Guidelines Against Radiation in the Natural Environment
8.	Electricity Business Act
9.	Electric Source Development Promotion Act
10.	Radioactive Waste Control Act
11.	Basic Law of Environmental Policy
12.	Act on Assessment of Impacts of Works on Environment.
13.	Framework Act on Fire Services
14.	Basic Act on Civil Defense

No.	Legislation on Nuclear Regulations
15.	Framework Act on Management of Disasters and Safety
16.	Industrial Accident Compensation Insurance Act
17.	Industrial Safety and Health Act
18.	Building Act

5.2.2.1 Quadro jurídico hierárquico

O quadro jurídico hierárquico da é composto por quatro níveis, como ilustrado na Figura 5.4. O primeiro nível é a Lei de Segurança Nuclear; o segundo nível é a Lei de Execução

Decreto da lei, que é também o decreto presidencial; o terceiro nível é o decreto de execução

O segundo nível é o Regulamento da Lei, que é o Regulamento do Primeiro-Ministro; e o quarto nível é o Regulamento da CSN. A Tabela 5.4 explica os objectivos e as funções de cada um dos níveis.

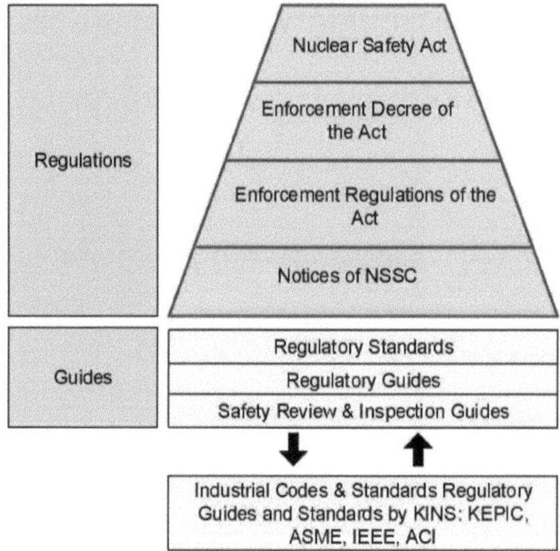

Figura 5.4: Quadro jurídico dos regulamentos e funções de segurança nuclear [26]

Tabela 5.4: Hierarquia jurídica da Lei da Segurança Nuclear [24]

Tier	Description	Purpose of Role
1.	Nuclear Safety Act (NSA)	Defines basic and fundamental requirements concerning nuclear safety regulations for management of nuclear and radiation facilities and activities
2.	Enforcement decree of NSA	Provides technical specifications, standards and administrative procedures or methods, entrusted in the NSA and necessary enforcement of NSA
3.	Enforcement Regulation of the NSA	Provides specifications entrusted in the NSA and decree for instance detailed procedures and format of documents
4.	Notices of NSSC	Provides the detailed specifications for technical standards and guidelines
5.	Industry Codes and Standards	Provide codes and standards for material, design, manufacture, test, and inspection of components and equipment

5.2.3 ESTRUTURA ORGANIZACIONAL

A CSN tem nove (9) comissários nomeados pelo Presidente. São constituídos por sete (7) comissários não executivos e dois (2) comissários executivos em funções. A sua composição é a seguinte: um presidente recomendado pelo primeiro-ministro, quatro membros recomendados pelo presidente, quatro membros recomendados pela assembleia nacional (dois do partido no poder e dois do partido da oposição). O CNES tem um comité técnico consultivo de quinze (15) membros [25]. A figura 5.5 mostra a estrutura organizativa da CSN.

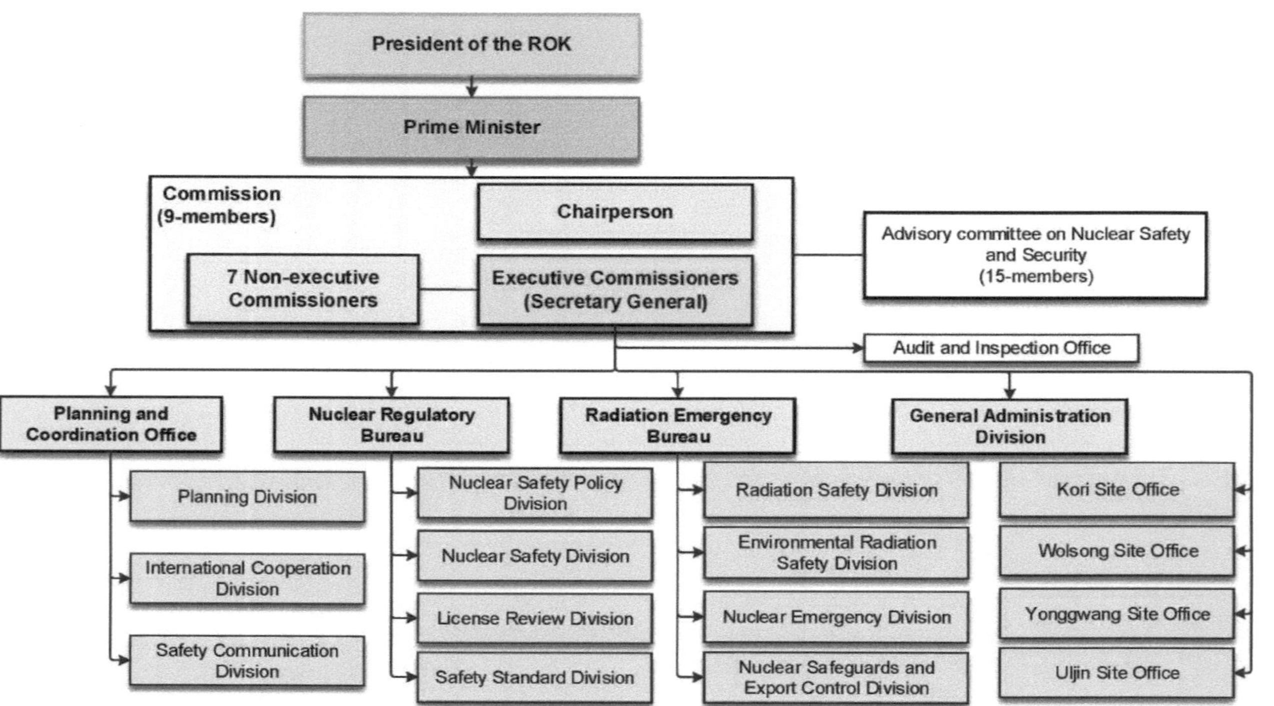

Figura 5.5: Estrutura organizativa da CSN [27]

5.3 ENTIDADE REGULADORA NACIONAL DO SECTOR NUCLEAR - ÁFRICA DO SUL

O NNR é uma entidade pública, criada pela Lei Nacional de Regulamentação Nuclear. O NNR é responsável pela proteção das pessoas, do ambiente e dos bens contra danos nucleares ou efeitos nocivos das radiações ionizantes, estabelecendo normas de segurança e práticas regulamentares. As funções do NNR consistem em regulamentar todas as instalações e acções que produzem ou utilizam materiais nucleares aos quais se aplica a Lei NNR. O NNR está sob a alçada do Ministério da Energia e é responsável perante o Parlamento pelas questões de segurança nuclear e radiológica. É uma organização independente que exerce o seu mandato sem influência desnecessária do Governo e das organizações operacionais e de promoção [28].

5.3.1 PRÁTICA REGULAMENTAR

Existem três entidades distintas envolvidas na regulamentação do controlo da proteção contra as radiações e da regulamentação nuclear, nomeadamente, o Ministério da Saúde, o NNR e o Ministério do Trabalho. O controlo da proteção contra as radiações é abrangido pela *Lei das Substâncias Perigosas*, de 1973, do Ministério da Saúde. Esta lei prevê substâncias perigosas do Grupo III, que envolvem a exposição a radiações ionizantes emitidas por equipamentos, e substâncias perigosas do Grupo IV, que incluem materiais radioactivos que não se encontram em instalações nucleares nem fazem parte do ciclo do combustível nuclear [29].

A regulamentação do sector nuclear é abrangida pela lei NNR, que tem por missão regulamentar o projeto, a construção, a entrada em funcionamento e a exploração de qualquer instalação nuclear. Por outro lado, o Ministério do Trabalho está mandatado para regulamentar os sistemas e equipamentos pressurizados, tanto em aplicações nucleares como noutras aplicações convencionais, no âmbito da segurança no trabalho ao abrigo da *Lei da Saúde e Segurança no Trabalho* [26]. Por conseguinte, os mandatos destas entidades têm, de certa forma, papéis sobrepostos.

Na África do Sul são propostos processos de licenciamento numa única fase e em várias fases. O NNR pode emitir os seguintes tipos de autorizações para instalações nucleares: (i) licença de instalação nuclear para localizar, construir e/ou operar ou descontaminar ou desativar a instalação; (ii) licença de local de instalação nuclear para novas instalações; (iii) autorização nuclear para projetar uma instalação nuclear; e (iv) autorização nuclear para fabricar componentes/peças [10].

5.3.2 LEIS E REGULAMENTOS DA ÁFRICA DO SUL NO DOMÍNIO NUCLEAR PODER

Quadro 5.5: Leis e regulamentos nacionais da África do Sul no domínio da energia nuclear [30]

Laws and Regulations
1. Nuclear Energy Act of 1999
2. National Nuclear Regulatory Act of 1999
3. National Radioactive Waste Disposal Institute Act of 2008
4. Disaster Management Act of 2002
5. Nuclear Energy Policy, 2008
6. Radioactive Waste Management Policy and Strategy, 2005
7. Integrated Energy Resources Policy, 2010
8. Occupational Health and Safety Act of 1993
9. Environment Conservation Act of 1989
10. Promotion of Access to Information Act of 2000
11. Constitution of the Republic of South Africa, 1996
12. Public Finance Management Act of 1999
13. National Treasury Regulations
14. National Environmental Management Act of 1998
15. Promotion of Administrative Justice Act of 2000

5.3.2.1 Quadro jurídico hierárquico

A hierarquia dos documentos técnicos da RNN é ilustrada na Figura 5.6.

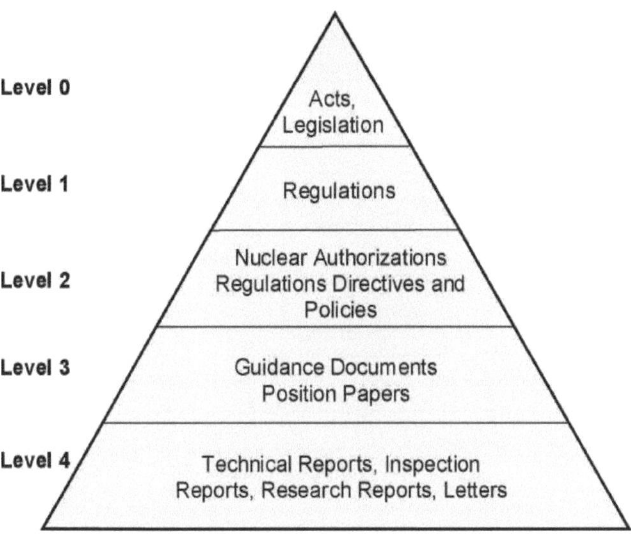

Figura 5.6: Hierarquia de documentos técnicos

5.3.3 ESTRUTURA DA ORGANIZAÇÃO

A RNN é dirigida e controlada por um Conselho de Administração. O Conselho de Administração é a autoridade contabilística e é nomeado por um período renovável de três anos pelo Ministro da Energia. O Diretor Executivo (CEO) é nomeado pelo Ministro da Energia e é também um Diretor do Conselho de Administração. A responsabilidade do Diretor Executivo consiste em assegurar que as funções da NNR são executadas em conformidade com a Lei NNR e a Lei de Gestão das Finanças Públicas. O Diretor Executivo é nomeado por um período de três anos e pode ser reconduzido no cargo no termo do seu mandato. O Conselho de Administração é aconselhado e assistido por três comités de 15 membros, nomeadamente o Comité de Auditoria e Gestão do Risco (4 membros), o Comité Técnico (5 membros) e o Comité de Transformação e Desenvolvimento (5 membros). O CEO é um membro ex-officio destes comités [28]. A figura 5.7 mostra a estrutura organizativa da NNR.

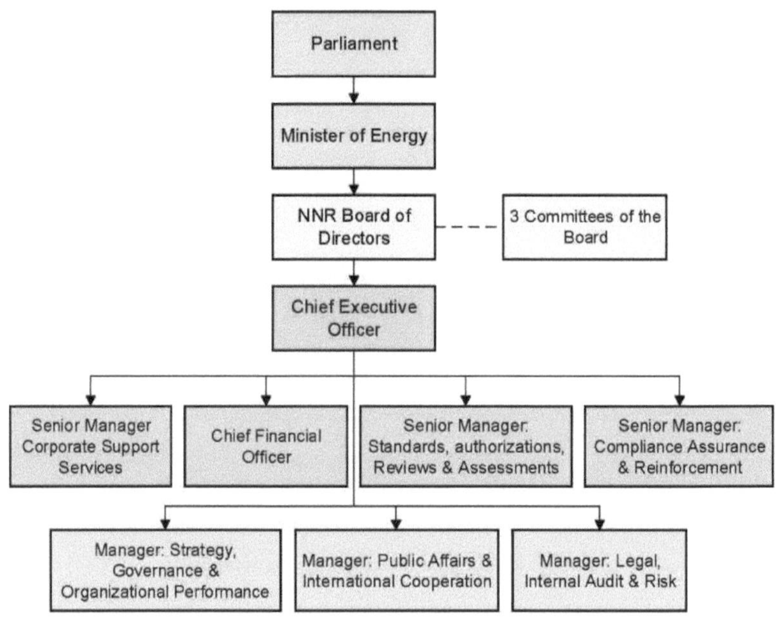

Figura 5.7: Estrutura organizacional da RNN

5.4 AUTORIDADE TURCA DA ENERGIA ATÓMICA - TURQUIA

A Autoridade Turca para a Energia Atómica (TAEK) foi criada para prosseguir a aplicação da tecnologia nuclear pacífica e realizar todas as actividades de regulamentação e supervisão nuclear na Turquia em benefício do Estado, em conformidade com os planos de desenvolvimento nacional. As responsabilidades da TAEK consistem em licenciar e inspecionar todas as actividades e instalações nucleares e de radiação na Turquia, garantindo assim a segurança nuclear [31].

5.4.1 PRÁTICA REGULAMENTAR

Os mandatos da TAEK não se limitam apenas a questões regulamentares, mas incluem também tarefas de promoção e coordenação das actividades de investigação e desenvolvimento no domínio da energia nuclear. Este facto implica que a independência da TAEK no seu processo de tomada de decisões não está garantida. A TAEK aplica processos de concessão de licenças em três etapas, que são classificadas de acordo com as fases do projeto de energia nuclear. Estes processos de licenciamento são a licença do local, a licença de construção e a licença de exploração. Estes processos são explicados no Decreto relativo ao licenciamento de instalações nucleares, de 1983 [32].

As directivas relativas à determinação dos regulamentos, guias e normas da base de licenciamento e da instalação de referência para as centrais nucleares, de 2012, também estabelecem as regras para a criação de uma base de licenciamento para as centrais nucleares. De acordo com esta diretiva, as questões que não estão suficientemente esclarecidas nos regulamentos existentes na Turquia devem ser abrangidas pelos documentos de segurança da AIEA. No entanto, se os documentos de segurança da AIEA também não fornecerem esclarecimentos suficientes, as questões devem ser tratadas pelas leis e regulamentos do país fornecedor ou de outro país terceiro.

5.4.2 LEGISLAÇÃO TURCA SOBRE REGULAMENTAÇÃO NUCLEAR

Quadro 5.6: Legislação sobre regulamentação nuclear [33]

Legislation on Nuclear Regulations
1. The Law on Turkish Atomic Energy Authority
2. The Environmental Law
3. The Penal Law
4. The Law on Electricity Market

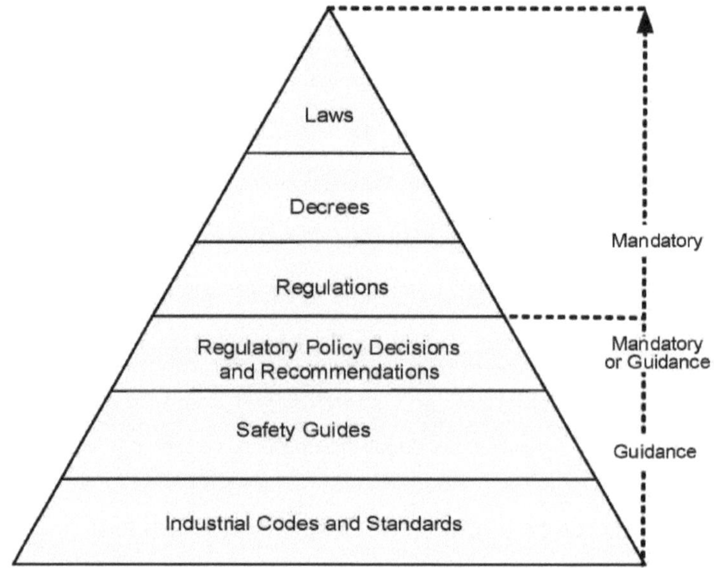

Figura 5.8: Hierarquia dos documentos regulamentares na Turquia [33]

5.4.1   ESTRUTURA ORGANIZACIONAL DA TAEK

A TAEK está sob a tutela do Primeiro-Ministro e é dotada de personalidade jurídica pública. O Primeiro-Ministro selecciona o Presidente da TAEK entre pessoas especializadas na sua área e é nomeado por decisão colectiva. O Presidente da TAEK é assistido por três vice-presidentes nomeados pelo Primeiro-Ministro de acordo com os princípios e procedimentos determinados pelo Presidente [31].

A TAEK é composta por quatro órgãos principais, que incluem: Comissão de Energia Atómica (AEC), Conselho Consultivo, Departamentos Especializados e Centros Afiliados. A AEC é um organismo que toma decisões sobre licenças e autorizações para instalações nucleares. O Conselho

Consultivo é composto por membros do corpo docente no domínio nuclear, bem como por peritos de outras

instituições relacionadas, e reúne-se mediante convite. Entre estes departamentos, o Departamento de

Segurança Nuclear é responsável pelas actividades de regulamentação em matéria de segurança e

salvaguardas nucleares, enquanto o Departamento de Saúde e Segurança das Radiações implementa

actividades de regulamentação em matéria de segurança das radiações, transportes e resíduos [31]. A Figura

5.9 mostra a estrutura organizativa da TAEK.

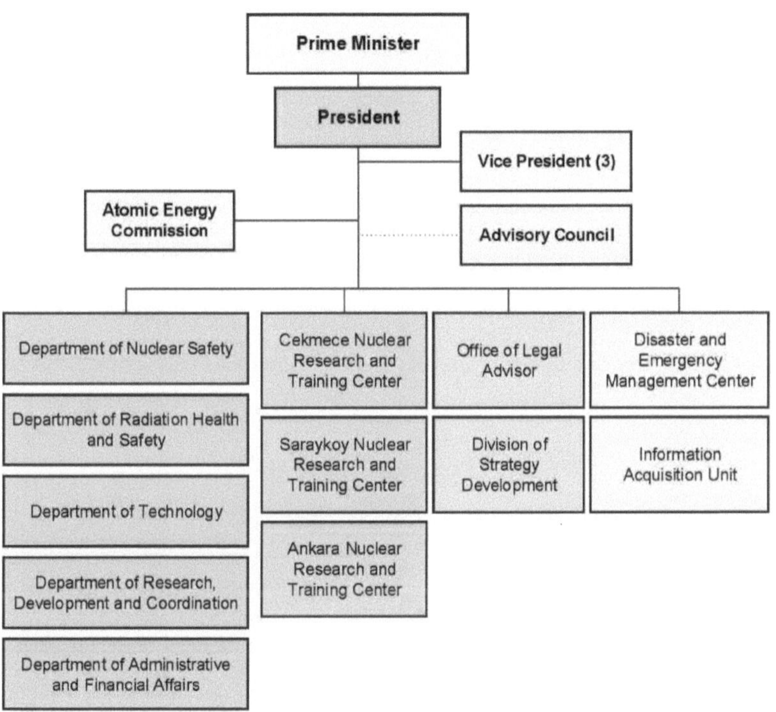

Figura 5.9: Estrutura organizacional da TAEK [34]

5.5 AUTORIDADE FEDERAL PARA A REGULAMENTAÇÃO NUCLEAR - UAE

A FANR é o organismo regulador mandatado para regular as instalações e actividades nucleares e de radiação nos EAU. A principal responsabilidade da FANR é desenvolver um quadro regulamentar nuclear para a implementação do programa de energia nuclear nos EAU. A FANR cria regulamentos que estabelecem os requisitos que devem ser cumpridos por todos os titulares de licenças e candidatos, e desenvolve guias regulamentares para fornecer informações pormenorizadas e específicas sobre métodos aceitáveis para cumprir os requisitos descritos nos regulamentos. Nos EAU, a responsabilidade final pela segurança é atribuída ao operador da instalação [35].

5.5.1 PRÁTICA REGULAMENTAR

A FANR recorreu a TSOs experientes, sediadas nos EUA e na Europa, para apoiar o seu trabalho, nomeadamente na elaboração de regulamentos e guias, na análise e avaliação dos pedidos de licença, no apoio às inspecções e no desenvolvimento de infra-estruturas regulamentares. Esta abordagem tinha como objetivo reforçar a segurança através do aumento dos recursos nacionais. No entanto, em todo o processo, a FANR manteve a responsabilidade total pelas decisões regulamentares.

5.5.1.1 Processo de licenciamento

A FANR utilizou as informações de licenciamento e as avaliações de segurança efectuadas pelo organismo regulador do país de origem para apoiar a sua análise do pedido de licença apresentado. No entanto, a FANR efectuou uma análise independente dos seus procedimentos de licenciamento. Esta análise teve por objetivo ajustar estes processos aos requisitos da FANR, incluindo as características únicas do local, a nova tecnologia e a diferença de experiência de funcionamento [36].

5.5.1.2 Abordagem da FANR na elaboração de regulamentos nacionais

A abordagem da FANR para desenvolver a sua regulamentação nacional centrou-se nos seguintes objectivos, nomeadamente: (1) estar em conformidade com as normas de segurança da AIEA; (2) estar informada sobre os riscos e basear-se no desempenho; (3) tirar partido do licenciamento pelo país de origem do fornecedor; e (4) seguir outras práticas regulamentares reconhecidas internacionalmente. A finalidade destes objectivos era produzir regulamentos de alto nível que se centrassem nos aspectos essenciais da segurança e não fossem prescritivos. A Figura 5.10 mostra o processo do Sistema de Gestão utilizado pela FANR no processo de desenvolvimento da sua infraestrutura nacional para o programa de energia nuclear. A Figura 5.11 mostra a abordagem utilizada pela FANR para elaborar a sua regulamentação nacional.

5.5.2 LEGISLAÇÃO DOS EUA SOBRE REGULAMENTAÇÃO NUCLEAR

Quadro 5.7: Legislação dos EAU sobre regulamentação nuclear [37]

Legislation on Nuclear Regulations
1. Federal Law Concerning the Peaceful Uses of Nuclear Energy of 2009
2. Law on Establishing the Emirates Nuclear Energy Corporation of 2009
3. Federal Law for the Protection and Development of the Environment of 1999
4. Law Concerning the Establishment of the Critical National Infrastructure Authority of 2007.

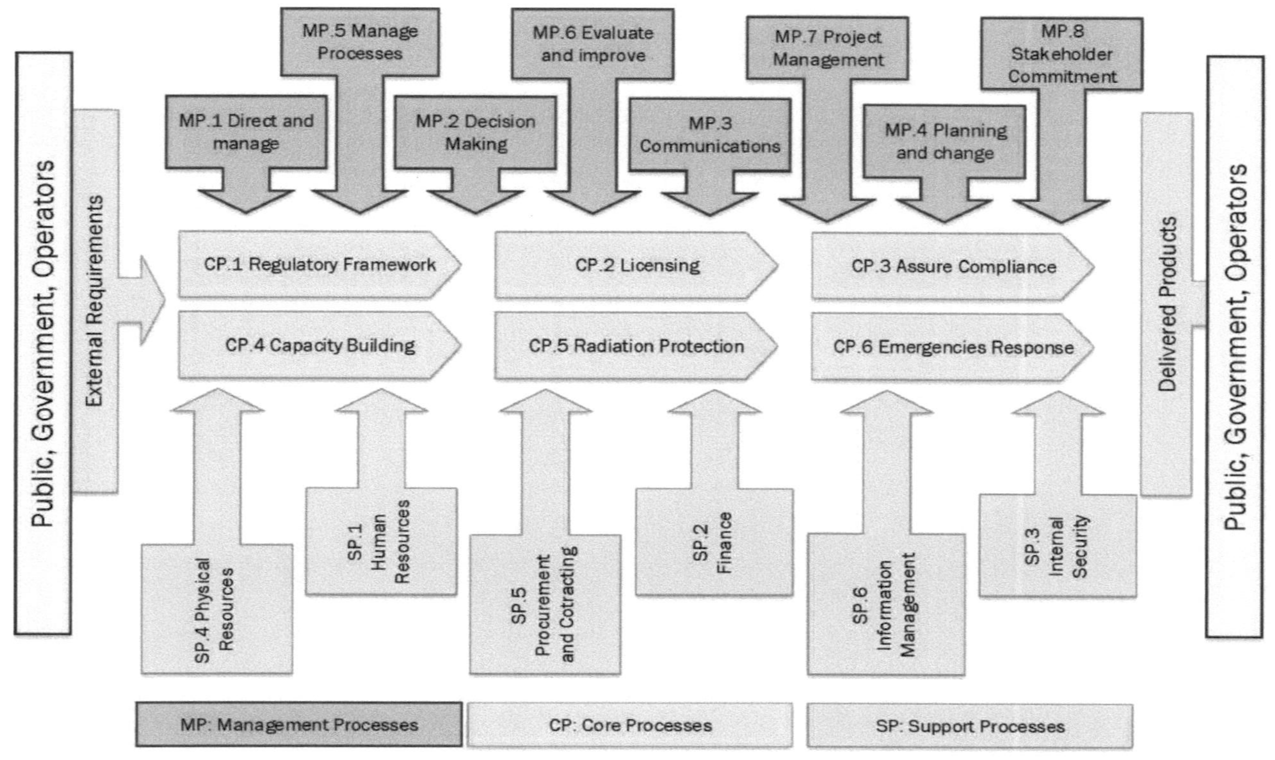

Figura 5.10: Processo do sistema de gestão da FANR [36]

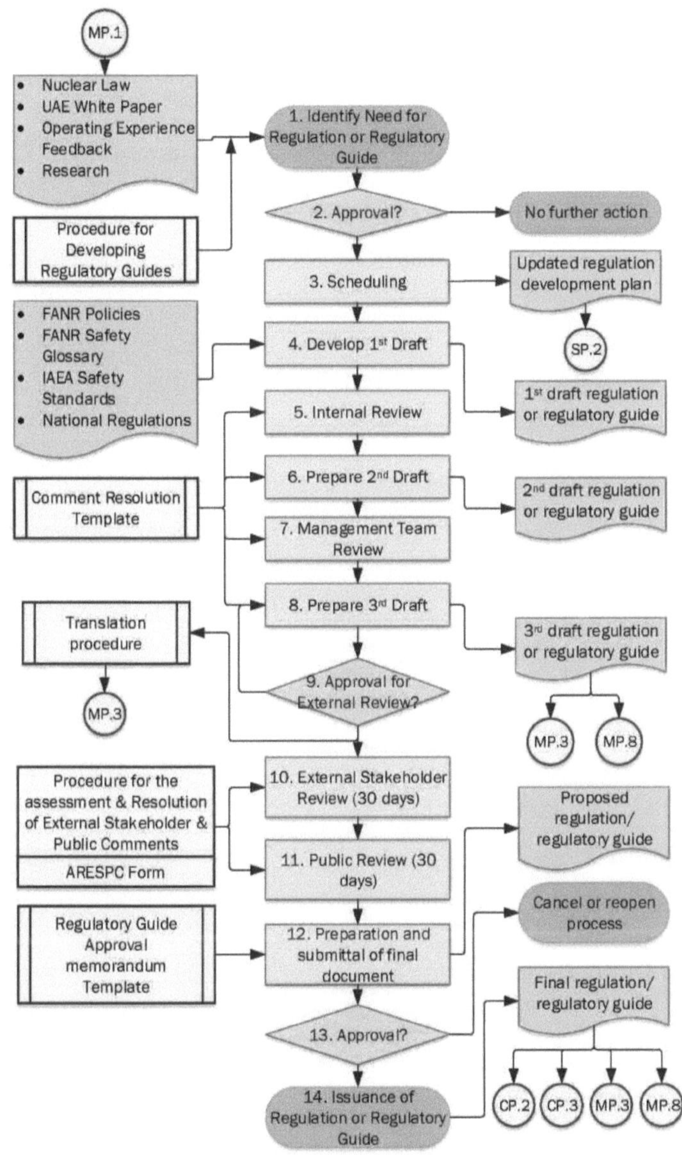

Figura 5.11: Abordagem da FANR na elaboração de regulamentos nacionais [36]

5.5.3 ESTRUTURA ORGANIZACIONAL DOFANR

O papel da FANR está claramente separado do papel das organizações operacionais e de promoção

para garantir a sua independência efectiva. A FANR é dirigida por um Conselho de Administração

(BoM) composto por nove (9) membros, incluindo um Presidente e um Vice-Presidente. Os membros

do Conselho de Administração são nomeados por resolução do Conselho de Ministros dos EAU. O

Conselho de Administração nomeia o Diretor-Geral, cujo mandato consiste em gerir as funções da

FANR

sob o controlo do BdM. A Figura 5.12 mostra a estrutura organizacional da FANR.

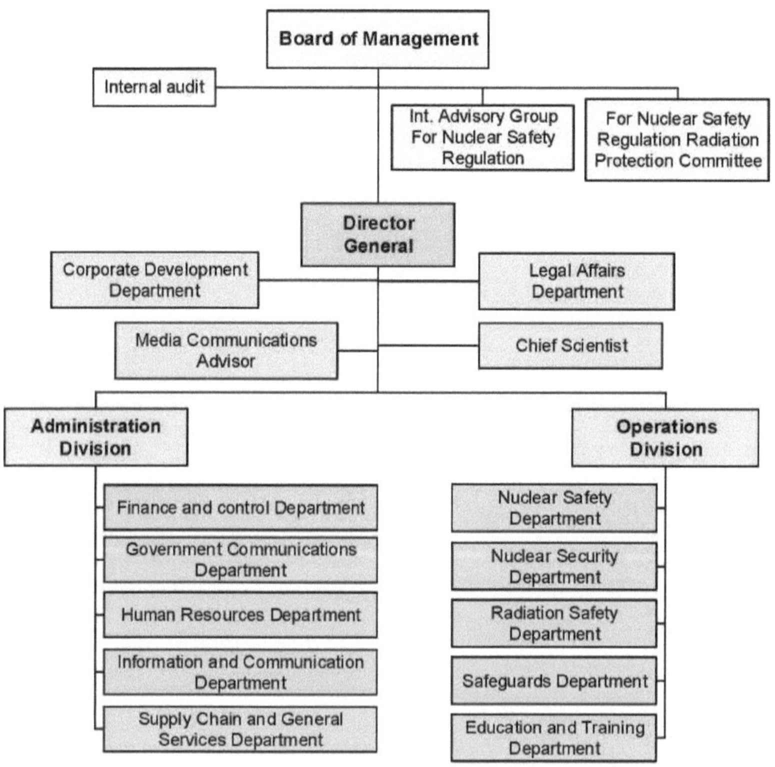

Figura 5.12: Estrutura organizacional da FANR [38]

5.6 RESUMO DOS ESTUDOS DE CASO

Quadro 5.8: Resumo dos estudos de caso

Regulatory Body	NRC	NNR	NSSC	TAEK	FANR
Regulatory Model	Independent Regulatory Commission	Department or Departmental Organization	Independent Regulatory Commission	Department or Departmental Organization	Independent Regulatory Commission
Regulatory Approach	risk-informed and performance-based regulation	Hybrid of prescriptive and performance based	Risk-informed and performance-based regulation	-	Performance-based regulation and risk-informed
Answerable/reporting to	US Congress	Energy minister	Prime minister	Prime Minister	Minister of Presidential Affairs

Regulatory Body	NRC	NNR	NSSC	TAEK	FANR
No. of bodies[1]	1	2	1	1	1
Scope of work	Regulation	Regulation	Regulation	Regulation and promotion	Regulation
Separation of regulatory and non-regulatory roles	Yes	Yes	Yes	No	Yes
No. of NPPs in operation/under construction/Planned	99/5/~25	2/0/6	23/4/8	0/0/12	0/4/not defined
Types of NPPs	PWR, BWR	PWR	PWR, PHWR	None	PWR
Pre-licensing process	Yes	Yes	Yes	Not specified	Yes
Licensing process	Multi-step and one-step	Multi-step and one-step	Multi-step (2)	Multi-step (3)	Multi-step (2)
TSO Support	No	No	Yes	No	Yes

[1] N.º de organismos reguladores para regulamentar as instalações nucleares e as radiações provenientes de fontes convencionais

CAPÍTULO 6

6 AVALIAÇÃO E DEBATES

Uma vez tomada a decisão de implementar um programa de energia nuclear no Quénia, uma das tarefas mais importantes a realizar será o estabelecimento do quadro legislativo e regulamentar nacional, incluindo o organismo regulador. A legislação nuclear a adotar deve definir claramente as funções da entidade reguladora, a sua autoridade, a sua posição na estrutura governamental e a forma como será financiada e dotada de pessoal. Esta secção discute os resultados das secções anteriores. Analisa as vantagens e desvantagens das várias opções possíveis a adotar ou adaptar pelo Quénia para estabelecer a sua infraestrutura reguladora, bem como as recomendações sobre a melhor abordagem para cada matéria.

6.1 REVISÃO DA LEGISLAÇÃO QUENIANA

Uma análise da situação atual do Quénia mostra que existem algumas leis que são relevantes para a implementação do programa de energia nuclear. Por exemplo, a Constituição reconhece a necessidade de proteção do ambiente, tanto para as gerações actuais como para as futuras, e o direito à proteção da propriedade, incluindo a utilização da terra. Por conseguinte, a legislação nacional em matéria nuclear a elaborar pelo Quénia não deve violar estes direitos fundamentais. Por outras palavras, o quadro legislativo e regulamentar nacional em matéria nuclear a estabelecer deve procurar proteger o ambiente, a propriedade e a saúde pública dos efeitos nocivos das radiações ionizantes, respeitando simultaneamente o direito constitucional a um ambiente limpo e saudável, que não comprometa a capacidade das gerações futuras de satisfazerem as suas próprias necessidades.

A EMCA de 1999 identifica os reactores nucleares e as centrais nucleares como parte dos projectos que exigirão uma licença de AIA através da apresentação de um relatório de estudo de AIA. A *Lei de Proteção contra as Radiações* de 1982, que regula as actuais fontes de radiação no país, tem um âmbito limitado no que diz respeito a futuras actividades nucleares. Isto deve-se ao facto de se destinar apenas a regular a radiação de fontes convencionais. Além disso, carece de independência

57

regulamentar e de autorização, uma vez que se encontra no âmbito do Ministério da Saúde, que é também um dos principais consumidores destas fontes de radiação. O TLA de 2007 não menciona especificamente nada sobre o transporte de materiais nucleares ou substâncias com radiação ionizante. A OSHA de 2007 abrange todos os regulamentos de segurança no local de trabalho e identifica os trabalhos em que são emitidas radiações ionizantes e não ionizantes como um dos trabalhos que envolvem riscos para a saúde. O projeto de política energética e o projeto de lei sobre a energia reconheceram a energia nuclear como uma das fontes que devem ser exploradas para diversificar o cabaz energético do Quénia, a fim de satisfazer os objectivos de desenvolvimento do país e as crescentes necessidades energéticas.

A partir desta análise, verificamos que algumas das legislações relevantes para o programa de energia nuclear já estão em vigor. No entanto, o seu âmbito de aplicação não abrange de forma adequada o programa de energia nuclear. Por conseguinte, é necessário alargar o âmbito de aplicação de todas estas leis de modo a abranger o programa de energia nuclear. Além disso, a análise efectuada permitiu concluir que não existe legislação nuclear/atómica no Quénia para reger a indústria nuclear. Assim, é necessário criar um quadro legislativo sólido que seja coerente com a Constituição do Quénia e os instrumentos internacionais. Um quadro legislativo abrangente é vital, uma vez que constituirá a base para o desenvolvimento de políticas, regulamentos e decretos para o programa de energia nuclear.

A melhor abordagem a seguir pelo Quénia na elaboração da legislação consiste em adotar modelos fornecidos pela AIEA ou o texto de leis adoptadas por países com quadros jurídicos desenvolvidos. Esta abordagem apresenta uma série de vantagens, uma vez que reduz a quantidade de novos textos jurídicos a redigir, tirando simultaneamente partido da experiência adquirida no domínio nuclear. Além disso, esta abordagem pode ajudar o Quénia a cumprir os requisitos da AIEA. Contudo, ao longo do processo de elaboração de nova legislação, deve ser garantida a coerência com a estrutura jurídica do Quénia e com os instrumentos internacionais pertinentes.

6.2 IMPLICAÇÕES DAS ESTRATÉGIAS DE CRIAÇÃO DE UM ORGANISMO REGULADOR NO QUÉNIA

Há duas opções que o Quénia pode adotar para estabelecer o seu organismo regulador. Ou se cria uma nova entidade para a regulamentação nuclear ou se alarga o âmbito da entidade reguladora existente, a RPB, para regulamentar também o programa de energia nuclear proposto no Quénia. Estas opções são explicadas mais pormenorizadamente a seguir:

6.2.1 CRIAÇÃO DE UMA NOVA ENTIDADE REGULADORA

A opção de criar uma nova entidade implica a revogação do atual organismo regulador e a criação de uma entidade completamente nova para regular tanto as instalações nucleares como a radiação proveniente de fontes convencionais. Caso contrário, poderá haver dois organismos reguladores para o Quénia, um para regular as instalações nucleares e outro para regular a radiação proveniente de fontes convencionais, como é o caso da África do Sul.

No caso de se revogar o atual organismo regulador e criar um novo, poderá haver um desafio na continuidade do trabalho nos programas actuais no país, bem como a perda de pessoal e das suas experiências na indústria. A opção de ter dois organismos reguladores também acarreta a sua própria complexidade de funcionamento, uma vez que será necessário adotar disposições formais que especifiquem as responsabilidades reguladoras e a forma como as duas entidades se coordenarão e interagirão. Caso contrário, poderá resultar em omissões e duplicação de responsabilidades, ou mesmo na imposição de requisitos contraditórios à organização operacional. O outro desafio desta opção são os problemas de gestão habituais que se colocam no processo de formação de novas organizações antes de estas se estabilizarem e compreenderem plenamente os objectivos institucionais. Em suma, esta opção consome muitos recursos do governo, tanto em termos de dinheiro (orçamento), como de tempo e mão de obra.

6.2.2 ACTUALIZAÇÃO DO ACTUAL ORGANISMO REGULADOR

A opção de modernizar o atual organismo regulador considera um único organismo regulador para regular tanto as radiações de fontes convencionais como as das instalações nucleares. Esta abordagem tem a vantagem de aproveitar os recursos humanos existentes e a sua experiência. Além disso, esta opção elimina os desafios identificados na opção de criação de uma nova entidade. No entanto, pode haver um desafio se o organismo regulador atualizado tiver os seus próprios desafios institucionais, não reconhecendo adequadamente os requisitos do novo âmbito de trabalho.

No caso do Quénia, esta opção é mais favorável do que a criação de uma nova entidade.

Isto porque será menos complicado para o governo, em termos de tempo, mão de obra e orçamento, alargar e expandir o organismo regulador existente do que criar e dotar de pessoal um novo organismo regulador.

6.3 ESCOLHA DA ABORDAGEM REGULAMENTAR

As abordagens regulamentares que são atualmente aplicadas na indústria nuclear foram descritas na secção 3.3.1. A partir destas descrições, observa-se que a abordagem prescritiva tem regulamentos claros e pormenorizados, ao mesmo tempo que impõe ao organismo regulador uma grande carga de trabalho na elaboração e atualização desses regulamentos pormenorizados. Esta é também uma opção difícil, porque impõe requisitos inflexíveis à organização operacional e atribui a responsabilidade final pela segurança à entidade reguladora.

No entanto, a curto prazo, parece ser a opção mais preferível para o Quénia, porque tanto o organismo regulador como a organização operacional estarão na sua fase de formação e podem não ter capacidade para cumprir os requisitos da abordagem baseada no desempenho e de outras abordagens. A longo prazo, depois de as capacidades das organizações envolvidas terem sido reforçadas, é preferível um híbrido de outras abordagens regulamentares, como as abordagens regulamentares baseadas no desempenho e no risco. A razão prende-se com o facto de as melhores práticas do sector consistirem em melhorar a segurança das instalações, o que pode ser feito de forma mais eficaz quando a organização operadora é totalmente responsável pela consecução final da segurança.

A partir da prática da FANR no desenvolvimento dos seus regulamentos nacionais e guias de regulamentação, como explicado no Capítulo 5, pode ser adoptada uma abordagem semelhante no Quénia com a ajuda de peritos estrangeiros. Caso contrário, o Quénia pode desenvolver os seus regulamentos nacionais e guias de regulamentação adoptando os regulamentos de um país potencial para fornecer a primeira central nuclear. No entanto, de acordo com a situação atual, o Quénia ainda não escolheu/estabeleceu uma tecnologia específica de reactores nucleares. Por conseguinte, pode começar a redigir os regulamentos nacionais, que são tecnologicamente neutros, por exemplo, textos fornecidos pela AIEA ou utilizando o modelo utilizado pelos países que entraram anteriormente no mercado, e depois passar a uma tecnologia mais específica quando se decidir por uma tecnologia de reator específica.

6.4 ESCOLHA DO PROCESSO DE LICENCIAMENTO

Tal como explicado na secção 3.4.2, existem duas categorias principais de processos de licenciamento: o processo de licenciamento em várias etapas e o processo de licenciamento numa única etapa. O relatório do inquérito da Associação Nuclear Mundial demonstra que entre estes processos de licenciamento, o mais importante é ter um processo de licenciamento que seja compreendido (previsível) e estável (certo) em vez de considerar os seus nomes. Também na revisão da literatura, é claro que, em ambos os processos de licenciamento, o organismo regulador deve ter desenvolvido uma capacidade técnica suficiente para efetuar a avaliação da segurança, a fim de conceder licenças de uma forma informada e conhecedora.

No entanto, de acordo com o INSAG-26, o processo de licenciamento numa só etapa não é recomendado para uma entidade reguladora recém-chegada ao mercado, porque exige que a entidade reguladora tenha capacidade adequada na análise técnica nas fases iniciais do desenvolvimento do projeto. Por exemplo, todos os critérios de aceitação, incluindo os relacionados com o programa de comissionamento, têm de ser definidos, analisados e aprovados. Por esta razão, o processo de licenciamento em várias etapas é a melhor opção para o cenário do Quénia.

6.5   PROGRAMA DE RECURSOS HUMANOS

O Quénia, cuja experiência se limita à aplicação convencional de fontes de radiação, necessitará de uma quantidade significativa de tempo e dinheiro para desenvolver os seus recursos humanos. É necessário instituir um programa de recursos humanos claro e abrangente como parte da estrutura organizacional para satisfazer as necessidades actuais e futuras de recursos humanos. O programa de recursos humanos pode ser realizado através do estabelecimento de uma política de formação, da previsão de um orçamento para a formação e do estabelecimento de um programa de formação formal, que fará parte da estrutura organizacional para satisfazer as necessidades de recursos humanos a curto e a longo prazo, à medida que a organização cresce. Além disso, será necessário estabelecer procedimentos para rever e atualizar periodicamente os programas de formação.

Dada a falta de experiência do Quénia na regulamentação de instalações nucleares, são altamente recomendadas colaborações que ofereçam apoio técnico ao organismo regulador. É necessário estabelecer, numa fase inicial, acordos formais com organismos reguladores externos, especialmente de países potencialmente fornecedores, e qualquer outra parceria que proporcione uma formação mais prática do pessoal. Isto significa que o Quénia terá de recorrer a peritos estrangeiros desde o início do seu programa de energia nuclear e, depois, evoluir progressivamente para um pessoal nacional com capacidades de nível mundial.

6.6   ESTRUTURA ORGANIZACIONAL E MODELO DE ÓRGÃO REGULADOR

6.6.1   MODELO REGULAMENTAR PARA O QUÉNIA

O modelo da Comissão Reguladora Independente, que é também o modelo regulamentar utilizado nos EUA, nos Emirados Árabes Unidos e na Coreia do Sul, é o melhor modelo regulamentar que pode ser estabelecido no Quénia. Das melhores práticas de regulamentação da indústria da energia nuclear, o aspeto mais importante é a independência efectiva do organismo regulador. O estabelecimento deste modelo regulamentar no Quénia será um marco fundamental para a implementação efectiva de um programa de energia nuclear.

Este tipo de comissão não é único no Quénia. Existem comissões independentes deste tipo que já foram criadas. Exemplos destas comissões são: a Comissão Eleitoral e de Fronteiras Independente (IEBC) e a Comissão de Ética e Anti-Corrupção (EACC). Por conseguinte, é possível dispor de uma comissão reguladora independente para regulamentar as instalações nucleares e outras actividades que utilizam ou emitem radiações.

6.6.2 ESTRUTURA ORGANIZATIVA DO QUÉNIA

De acordo com a estrutura do governo do Quénia, os poderes administrativos e de definição de políticas estão distribuídos pelos seus três ramos: o executivo, o legislativo e o judiciário, tal como indicado na secção do Anexo. O executivo é composto pelo Presidente, o Vice-Presidente, os secretários de Estado, o Procurador-Geral e o Diretor do Ministério Público. O poder legislativo é constituído por duas câmaras: a assembleia nacional e o senado. A principal responsabilidade do poder legislativo é defender os interesses do povo na elaboração da legislação. O poder judicial está centrado no sistema judicial do Quénia. No Quénia, a melhor opção seria uma comissão independente que não fosse executiva e que respondesse diretamente perante o poder legislativo (assembleia nacional). Assim, a partir da extensão do atual organismo regulador[2] no Quénia, o RPB, podemos criar uma estrutura organizacional que talvez possa ser aplicada no Quénia. A Figura 6.1 apresenta uma possível organização para a entidade reguladora nuclear do Quénia.

São propostas quatro direcções, nomeadamente: a direção dos assuntos externos, a direção da regulamentação nuclear, a direção da proteção contra as radiações e a direção administrativa e financeira. As principais funções de regulamentação, como as análises técnicas de segurança, o

---

[2] A atual estrutura organizativa da RPB é apresentada em anexo.

desenvolvimento da política de regulamentação e das normas de segurança, a autorização de autorizações e licenças, a inspeção e a aplicação da lei, o desenvolvimento de recursos humanos e a investigação e desenvolvimento serão realizadas pela direção de regulamentação nuclear. As questões relacionadas com o controlo das radiações ambientais, a preparação e a resposta a emergências, a segurança nuclear, a proteção física e as salvaguardas nucleares serão tratadas pela Direção de Proteção contra as Radiações. A direção administrativa e financeira será responsável pelo trabalho administrativo geral, bem como pelas questões financeiras, incluindo aquisições e fornecimentos. A direção dos assuntos externos tratará das questões relacionadas com o planeamento, a cooperação internacional e a informação e comunicação.

6.6.3 ORGANIZAÇÃO DO APOIO TÉCNICO

Como já foi referido, a Coreia criou o seu TSO nacional, KINS, que presta apoio técnico à NSSC em matéria de segurança nuclear. O mecanismo de trabalho da NSSC, da KINS e das indústrias nucleares é simples mas abrangente. Por conseguinte, representa um possível mecanismo de trabalho que também pode ser adotado e aplicado no Quénia. Ou seja, o Quénia tem de criar o seu próprio TSO nacional, que oferecerá apoio técnico ao organismo regulador na execução das suas funções, especialmente em questões críticas como a segurança nuclear, a segurança nuclear e as salvaguardas nucleares.

6.7 RESUMO DAS OPÇÕES RECOMENDADAS PARA A ESTRATÉGIA DO QUÉNIA INFRA-ESTRUTURAS REGULAMENTARES

Esta secção apresenta um resumo das opções recomendadas discutidas neste capítulo, tal como apresentadas no Quadro 6.1. Estas recomendações foram baseadas na avaliação das normas internacionais, nas melhores práticas da indústria nuclear, na situação atual do Quénia e em pareceres de peritos.

Quadro 6.1: Melhores opções recomendadas para as infra-estruturas de regulação

REGULATORY ASPECTS	REGULATORY OPTIONS
Establish Regulatory Body	Upgrade the current RPB
Regulatory Model	Independent Regulatory Commission
Regulatory Approach	Hybrid of prescriptive and other approaches
Answerable/ reporting to	Legislature (National Assembly)
No. of bodies	1
Scope of work	Regulation
Licensing Process	Multi-step (Two-step)
TSO Services	Institute a domestic TSO
HR Development	More partnership with experienced countries

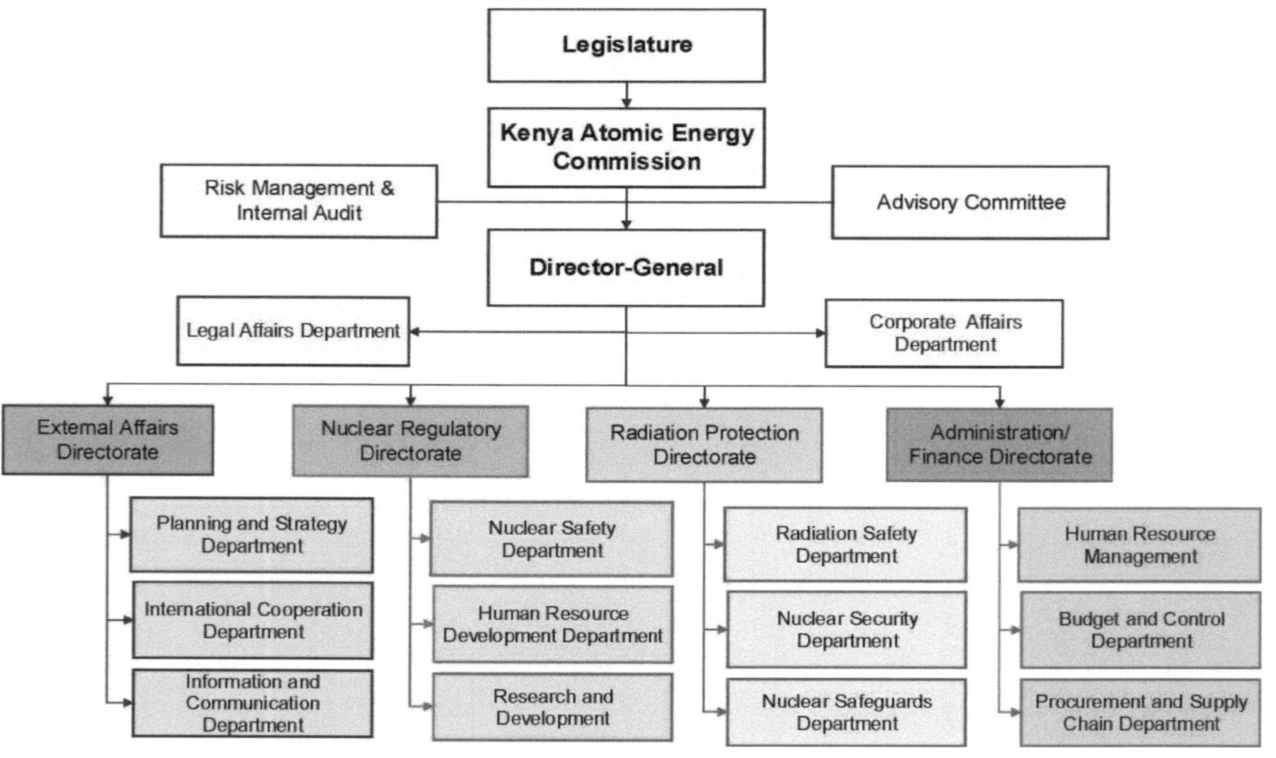

Figura 6.1: Estrutura organizacional proposta para o Organismo de Regulamentação Nuclear do Quénia

7 CONCLUSÃO

As possíveis estratégias que o Quénia pode adotar para estabelecer a sua infraestrutura nacional foram determinadas com base nos requisitos internacionais e nas melhores práticas da indústria nuclear. Os métodos qualitativos foram amplamente utilizados para atingir o objetivo global do estudo. Esta secção resume os principais resultados do estudo. Com a introdução de um programa de energia nuclear no Quénia, é imperativo estabelecer um sistema jurídico abrangente e um quadro regulamentar para reger o programa. Alguns dos principais resultados do estudo são descritos a seguir.

Em primeiro lugar, não existe legislação que regule o futuro programa de energia nuclear no Quénia. Além disso, as infra-estruturas de segurança existentes são inadequadas para enfrentar os desafios e as complexidades que acompanharão o programa de energia nuclear. Por conseguinte, é necessário criar um quadro legislativo sólido que seja coerente com a Constituição queniana e os instrumentos internacionais. É igualmente necessário modernizar as infra-estruturas de segurança existentes e ratificar todos os instrumentos internacionais necessários, a fim de satisfazer todos os requisitos de segurança.

Em segundo lugar, a modernização do atual organismo regulador seria mais favorável do que a criação de uma nova entidade, uma vez que a extensão do organismo regulador existente exigirá menos esforços e recursos do que a criação de um novo organismo regulador e a sua dotação de pessoal. Ao criar a sua infraestrutura regulamentar, o Quénia deve considerar a possibilidade de estabelecer parcerias com outros
países experientes e organizações internacionais que proporcionarão oportunidades de formação prática e apoio técnico para o desenvolvimento da sua infraestrutura regulamentar.

Em terceiro lugar, o melhor modelo regulamentar e a melhor estrutura organizacional que podem ser adoptados pelo Quénia é o modelo regulamentar independente. O Quénia terá também de criar um TSO nacional que preste apoio técnico ao organismo regulador na execução das suas principais funções e deveres. No entanto, tal como outros países candidatos à adesão, o Quénia terá de confiar no TSO estrangeiro no início do programa nuclear e, com o tempo, passar a utilizar o seu pessoal nacional depois de adquirir as competências, os conhecimentos e a experiência necessários.

Este estudo delineou os principais factores que devem ser considerados ao instituir uma infraestrutura reguladora nacional num país candidato à adesão. Se a proposta e as recomendações formuladas neste estudo forem tidas em consideração, será um bom ponto de partida para implementar o programa de energia nuclear do Quénia em conformidade com as normas internacionais e as melhores práticas da indústria de regulamentação nuclear.

CAPÍTULO 8

8 REFERÊNCIAS

[1] República do Quénia, *"Updated Least Cost Power Development Plan Study Period: 2011-2031,"* República do Quénia, Nairobi, 2011.

[2] INSAG-17, Independence in Regulatory Decision Making, Viena: Agência Internacional da Energia Atómica, 2003.

[3] C. Stoiber , A. Cherf, W. Tonhauser e M. Carmona , *"Handbook on Nuclear Law",* Agência Internacional da Energia Atómica, Viena, 2010.

[4] AIEA, Workforce planning for new nuclear power programmes, Viena: AIEA, 2011.

[5] SSG-16, *"Establishing the Safety Infrastructure for a Nuclear Power Programme",* Agência Internacional da Energia Atómica, Viena, 2011.

[6] INSAG-26, *"Licensing the First Nuclear Power Plant",* Agência Internacional da Energia Atómica, Viena, 2012.

[7] GSR Parte 1, Governmental, Legal and Regulatory Framework for Safety, Viena: Agência Internacional da Energia Atómica, 2010.

[8] N. E. Durbin, *"Regulatory Approaches in Nuclear Power Supervision",* Autoridade Sueca para a Segurança das Radiações, Estocolmo, 2013.

[9] SSG-12, Licensing Process for Nuclear Installations, Viena: Agência Internacional da Energia Atómica, 2010.

[10] WNA, *"Licensing and Project Development of New Nuclear Plants",* Associação Nuclear Mundial, Londres, 2013.

[11] AIEA, GS-G-1.1 Organization and Staffing of the Regulatory Body for Nuclear Facilities, Viena: Agência Internacional da Energia Atómica, 2002.

[12] Leis do Quénia, A Constituição do Quénia, Nairobi: Conselho Nacional para a Informação Jurídica, 2010.

[13] Ministério da Energia e do Petróleo, *"Draft National Energy and Petroleum Policy,"* República do Quénia, Nairobi, 2015.

[14] Leis do Quénia, Lei da Proteção contra as Radiações, Capítulo 243, Nairobi: Conselho Nacional para a Elaboração de Relatórios Jurídicos, 1982.

[15] Leis do Quénia, Lei de Gestão e Coordenação Ambiental, Nairobi: Conselho Nacional de Relatórios Jurídicos, 1999.

[16] República do Quénia, *"The Prevention of Terrorism Act,"* República do Quénia, 2013, 2013.

[17] Leis do Quénia, Lei sobre a concessão de licenças de transporte, Nairobi: Conselho Nacional para a Informação Jurídica, 2007.

[18] Leis do Quénia, Lei sobre a Segurança e a Saúde no Trabalho, Nairobi: Conselho Nacional para a Informação Jurídica, 2007.

[19] NEI, *"The Nuclear Regulatory Process",* Instituto de Energia Nuclear, Washington D.C., 2007.

[20] NRC, *"United States Nuclear Regulatory Commission,"* [Em linha]. Disponível: http://www. nrc.gov/images/about-nrc/how-we-regulate.gif.[Acedido em 16 novembro de 2015].

[21] AIEA, "PRIS Report: Country Nuclear Power Profiles_United States of America, "
2015. [Online]. Disponível:
https://cnpp.iaea.org/countryprofiles/UnitedStatesofAmerica/UnitedStatesofAm erica.htm.

[22] NRC, *"United States Nuclear Regulatory Commission,"* [Em linha]. Disponível:
http://www.nrc.gov/about-nrc/organization/nrcorg.pdf. [Acedido em 16 de novembro de 2015].

[23] República da Coreia, *"Act on the Establishment and Management of Nuclear Safety and
Security Commission",* República da Coreia, Seul, 2013.

[24] AIEA, *"PRIS Report: Country Nuclear Power ProfilesRepublic of Korea,"* 2013. [Online].
Disponível:
https://cnpp.iaea.org/countryprofiles/KoreaRepublicof/KoreaRepublicof.htm.
[Acedido em 16 de novembro de 2015].

[25] NSSC, *"Nuclear Safety & Security Commission,"* [Em linha]. Disponível:
http://www.nssc.go.kr/nssc/en/nci/elif/Qhqd.pdf. [Acedido em 16 de novembro de 2015].

[26] MDEP, *"Regulatory Frameworks for the Use of Nuclear Pressure Boundary Codes and
Standards in MDEP Countries, Technical Report TR-CSWG-01,"* Multinational Design
Evaluation Programme, 2013.

[27] NSSC, *"Nuclear Safety and Security Commission,"* [Em linha]. Disponível:
http://www.nssc.go.kr/nssc/en/c1/sub4.jsp. [Acedido em 16 de novembro de 2015].

[28] República da África do Sul, *"National Nuclear Regulator Act of 1999",* República da África do
Sul, 1999.

[29] República da África do Sul, *"Hazardous Substances Act No. 15 OF 1973,"* República da África
do Sul.

[30] AIEA, *"PRIS Report: Country Nuclear Power Profiles South Africa",* Agência Internacional da
Energia Atómica, Viena, 2010.

[31] República da Turquia, *"Law on Turkish Atomic Energy Authority Law No. 2690",* República da
Turquia, 1982.

[32] A. Izak, *"A Review of Turkey's Nuclear Policies and Practices",* EDAM (Centro de Estudos de
Economia e Política Externa), Istambul, 2015.

[33] AIEA, *"PRIS Report: Country Nuclear Power Profiles Turkey",* Agência Internacional da
Energia Atómica, Viena, 2014.

[34] TAEK, *"Comissão Turca da Energia Atómica",* 04 de outubro de 2010. [Em linha]. Disponível:
http://www.taek.gov.tr/en/institutional/taek-organization-chart.html. [Acedido em 16 de
novembro de 2015].

[35] EAU, *"A federal law by decree No.6 of 2009 Concerning the Peaceful uses of Nuclear Energy",*
Emirados Árabes Unidos, Abu Dhabi, 2009.

[36] B. Kaufer, *Development of Nuclear Regulations and Guides in the United Arab Emirates,*
Federal Authority for NuclearRegulation.

[37] AIEA, *"PRIS Report: Country Nuclear Power ProfilesUnited Arab Emirates",* Agência
Internacional da Energia Atómica, Viena, 2013.

[38] FANR, *"Autoridade Federal para a Regulamentação Nuclear",* [Em linha]. Disponível:
https://fanr.gov.ae/En/AboutFANR/Pages/Organisational-Structure.aspx.
[Acedido em 16 de novembro de 2015].

[39] G. Lubale, *"An Introduction to the County Governments of Kenya,"* 27 de setembro de 2012. [Em linha]. Disponível: http://gabriellubale.com/an-introduction- to-the-county-governments-of-kenya/. [Acedido em 12Novembro2015].

9 APÊNDICES

9.1 A ESTRUTURA ORGANIZACIONAL DA RPB

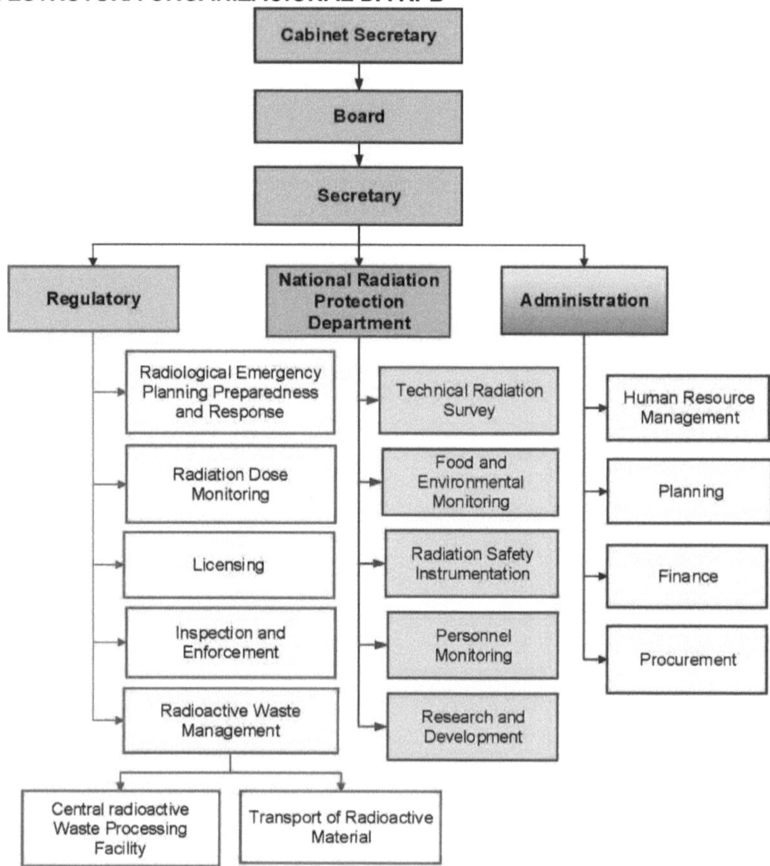

Figura 9.1: Estrutura organizacional atual da RPB

9.2 A ESTRUTURA DO GOVERNO QUENIANO

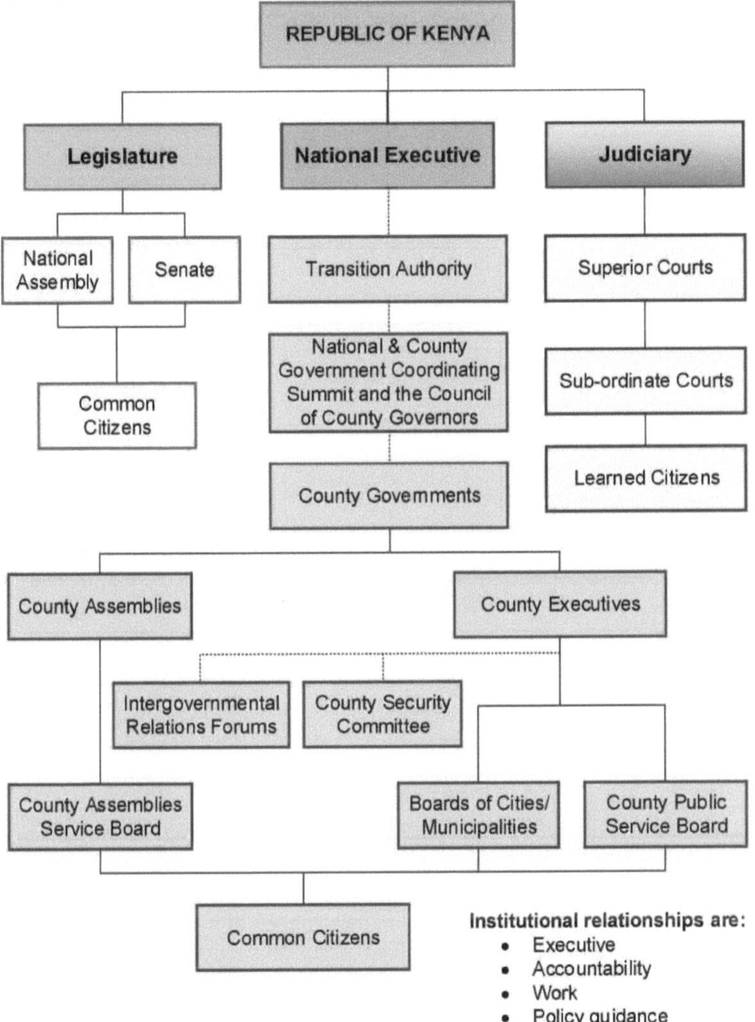

Figura 9.2: A estrutura descentralizada dos governos dos condados do Quénia [39]

Printed by Books on Demand GmbH, Norderstedt / Germany